歷史，就是戰

黑貓老師帶你趣解人性、權謀與局勢

黑貓老師——著

魔魔嘎嘎——繪

像電影般的場景浮現，
讓讀歷史更有滋味

在高中歷史的教學過程中，如何在有限的教學時數內，要完整地把歷史發生的脈絡及時序交代清楚，還要兼具吸引動機、情境教學、板書、教學媒體的應用⋯⋯這對很多歷史老師來說，都是一種考驗與刺激進步的動力。

戰爭是最殘酷的現實與結果，在教學時遇到這些戰爭時，我總是在想如何讓這樣看似無奈，人類作繭自縛的歷史結果變成一堂具有歷史啟發的內容。也許就像印度宗教神話中，將「創造——保護——破壞」各確立了一個神，人類的世界隨之周而復始的循環。那位職司破壞的濕婆（Shiva）擁有相當多的信徒，大概就是因為人們期待透過衝破現況而去迎接新生的那一刻吧！濕婆的生命之力非常強，所以破壞的延伸就是再生。套用在每一場歷史洪流的戰爭當中，如果這個不可避免的殘酷結果，可以為人類帶來新的契機與啟發，那麼《歷史，就是戰》似乎可以用正面的角度來理解了。

在本書中，相當勇敢的以二十世紀第一次世界大戰到冷戰這段動盪又對現代國際社會相當具有影響的一段時間作為主軸，再加之以同時期的亞洲政局：日本侵華到國共內戰，再將視角擴大至朝鮮半島、中亞及東南亞。這樣龐大的歷史

段落，要有系統的敘述相當考驗功力。這些章節的編排是落在高中歷史第三冊的上半部及第四冊的下半部，正是所有老師在期初、期末瘋狂無敵趕課的交叉點，也是讓學生想起歷史這門學科最為頭痛的段落。

　　一般來說，目前的學生對歷史的時序感認知尚需加強，這本書的出現，剛好可以補強這段讓學生覺得非常複雜，但卻又是各種大小考試都必考的重要段落。作為歷史教學者的參考用書更是受益匪淺。

　　至於喜歡歷史但不需要考試的人們，如果你喜歡英劇《唐頓莊園》，對於劇中的貴族生活以及帥到發抖的馬修大表哥，曾親赴一戰戰場參與了機關槍、鐵絲網及壕溝的故事有興趣的話，那麼這本書可以為你提供很好的歷史背景；如果你喜歡電影《敦克爾克大撤退》的波瀾壯闊、華語電影《色戒》《建國大業》《太平輪》等眾星雲集撐起了那一段大時代兒女及特務迷情的氛圍，韓國電影《太極旗》《高地戰》《實尾島風雲》的大場面調度與準確的寫實情感捕捉……相信透過這本書將會編織出一張明朗的畫面，你會覺得這段二十世紀的歷史，讀起來更加有滋有味。

本文作者：黃偉雯

　　當過多年的高中歷史老師，曾任馬來西亞第一位臺灣籍華文獨立中學校長。現職作家、講師。《深度文化 X 世界歷史觀察》專頁板主，《故事：寫給所有人的歷史》作者群之一。

簡單、有趣，
推你開心地進入歷史的火坑

首先，感謝你拿起這本書（´•ω•`）。

我以前總覺得歷史超難，學校老師老是要我背年分、背人名，讀起來有夠無聊。

但身為一位非常愛打電動的阿宅，我發現……就算是乏味的課本，只要是《三國志》《世紀帝國》或是《決勝時刻》這些遊戲劇情有出現的部分，我讀起來就會特別認真。

於是我對歷史的興趣愈來愈濃，平常會跑書局或圖書館找書看，成績也進步了，連考試都考一百分呢！（誇飾）

「歷史果然就是要用講故事的方式才吸引人嘛！（°∀°）」

隨著日子一天一天地過去，我從以前那個在學校氣死老師的小屁孩，成為了被學生氣死的那個老師。

現在我上課的時候，要是學生開始恍神，我就會在他們陷入深層睡眠之前趕快講個故事，結果竟然被學生說我講得比其他的歷史老師還精采。

在去年某次因緣際會之下，我在我 FB 專頁上說了納粹德國在第二次世界大戰的故事，沒想到分享數狂飆，成為我觸及率最高的一篇！

從那時開始了我說書騙讚的路線（誤）。

這本書，並不是什麼正經的歷史考據文件，而是一本塞了一堆鄉民梗的故事懶人包。

　　跟專家學者追求「愈詳細愈好」剛好相反，我這一本追求的是「愈簡單愈好」。

　　我想把故事講得有趣，才能推你入坑，讓你對近代史有多一點了解、多一點想法，以及多一點興趣。

第一次世界大戰
★ Chapter 1 ★

美國的崛起

🔫 我要獨立啦！

如果把近代史當作一部電影的話，美國即使不是主角也是大魔王，是近期影響力最大的超級國家，所以我們就先從美國開始講起吧！

美國的全名是「美利堅合眾國」，英文是 United States of America，通常簡稱 US 或 USA。

本來美國只是英國的殖民地，但後來因為茶葉還有稅跟英國大吵一架，氣噗噗的美國人就決定要獨立出來，建立一個自由而民主的國家。

但英國當然不肯啦，於是派出軍隊鎮壓，痛打美國人。

「大家團結起來！我們要當自己的主人！（#`ㄉ´)ノ」

在華盛頓將軍的號召及傑佛遜等人的起草下，北美 13 州團結起來，通過了《獨立宣言》，並在 1776 年 7 月 4 日，正式宣布：

「從今天開始，我就是自由獨立的國家啦！ˋ(ˋДˊ)ˊ」

為了自由而戰的美國人，在法國、西班牙與荷蘭的協助下苦戰，終於擊敗了母國英國，還擊敗兩次，登入了世界的舞台⋯⋯

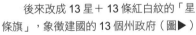

●知識彈藥庫

你以為的美國 vs. 實際上美國

美國建國時期並不是我們現在地圖上看到的「那個美國」，而只是北美東岸的一小塊而已（圖▶）

獨立前本來用的旗子是這張「大聯邦旗」（Grand Union Flag）（圖◀）

後來改成 13 星＋ 13 條紅白紋的「星條旗」，象徵建國的 13 個州政府（圖▶）

隨著之後加入的州愈來愈多，才變成現在 50 顆星星的星條旗（圖◀）

算一算，總共更改了 27 次，是全世界國旗更動最多次的國家！

昭昭天命與美墨戰爭

獨立成功的美國，在當時的世界各國中，只是個菜逼巴小國家，不論是財政還是國力都很弱。

美國：「可……可惡，想變強！O_Q」

於是使出渾身解數讓自己變強，第一件事就是往西部擴張！

簡單來說就是：

1. 趕走原住民（印地安人）。

2. 跟法國買下路易斯安那。

3. 跟西班牙買下佛羅里達。

接著趁墨西哥跟西班牙打架的時候，拉攏了德克薩斯共和國，把它變成美國的德州。

墨西哥：「美國你怎麼可以趁人之危！把德州還給我！」

美國：「德州才不想跟你走，你不要逼他！ヽ(｀Д´)ノ」

美墨一言不合就打起來。

最後美國大獲全勝。一舉得到了奧勒岡、加利福尼亞跟一部分的墨西哥領土，成為一個橫跨大西洋及太平洋的超大國家！

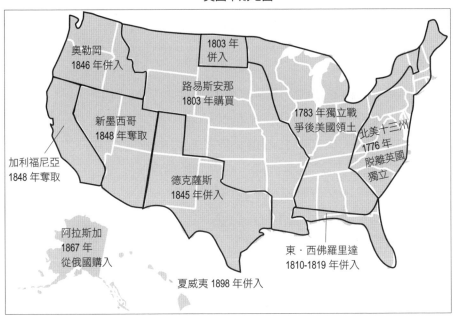

美國早期地圖

奧勒岡
1846 年併入

1803 年
併入

路易斯安那
1803 年購買

1783 年獨立戰
爭後美國領土

北美十三州
1776 年
脫離英國
獨立

新墨西哥
1848 年奪取

加利福尼亞
1848 年奪取

德克薩斯
1845 年併入

阿拉斯加
1867 年
從俄國購入

東．西佛羅里達
1810-1819 年併入

夏威夷 1898 年併入

南北開打的內戰

　　美國一完成了領土的超大擴張後，馬上就在西邊的加州
發現了大金礦！

　　「什麼！有免費的黃金可以撈！？（˚∀˚）！？」

　　大家一聽，都紛紛奔向西部拓荒！

但是……美國其實是好幾個州聯合而成的國家，在好一陣子以前，北部州的人就一直看南部州的人不順眼……

　　北：「太丟臉了！都什麼時代了！你們竟然還抓奴隸來工作！(#`Д´)ノ」

　　南：「沒有黑奴的話要怎麼種棉花啦？丶(°皿°)」

　　本來北邊還想說把日子拖久一點，也許哪天南部人就自己想開了……但卻因為西邊新開拓出來的州要成為自由州還是奴隸州，而引燃了導火線，兩邊開始對罵。

　　南：「不當合眾國了！我們南部要有自己的玩法！」

　　於是，南邊 11 個州直接說要成立「美利堅邦聯」。

　　但是北邊的林肯總統卻說：「我覺得不行！美國絕對不可以分裂！」

　　於是北方軍跟南方軍就開打了慘烈的「南北戰爭」。

　　北方軍在各方面都有優勢，所以打了 4 年以後，終於在 1865 年戰勝了南方軍，避免了國家分裂，也結束了美國的奴隸制度。

　　林肯總統成為解放黑奴的偉大領袖，但隨後不久卻被刺殺身亡，由副總統詹森接手了他的位置，開始重建美國。

排排站的戰鬥

獨立戰爭到南北戰爭，這段期間戰爭的方式十分特別。

士兵們會肩併肩排排站，整齊劃一地跟著鼓聲與音樂前進，兩軍走到一定距離後，聽軍官的口令立正站好，然後舉槍瞄準，再一起開槍，這種戰法叫作「線列步兵戰」（Line Infantry）。

「到底為什麼要士兵站一排互射啊？為什麼不趴下啊？o__O?」

這是因為在當時，人類才剛從冷兵器時代進入到熱兵器時代，也就是才剛從長劍、弓箭升級成火槍、大砲，大家用的還是很舊的前膛槍。

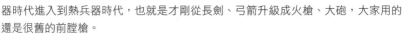

前膛槍要裝子彈時，必須要讓槍身直直立著，從槍口把火藥倒進去，再拿一根細細長長的棍子把子彈捅進去槍管裡面，所以不站著沒辦法裝填。

而且命中率非常的低，射程也很短，甚至教戰守則還寫著：「看得到敵人的眼白才能開槍。」所以，為了有效增加命中率，才會演化出這種排排站，聽口令一起射擊的戰術。

也因為前膛槍的不可靠，導致士兵們雖然一槍在手，但到了最後決定勝負的，往往還是在刺刀衝鋒。

🔫 穩定後的野心

在內戰結束一段時間，政局也穩定後──

美國跟俄國買了阿拉斯加，開始用力開墾西部。

但國土太寬廣，交通很不方便……

美國：「有沒有人能幫忙蓋鐵路啊？蓋鐵路就送土地喔～O_Q）」

鐵路公司：「好耶～（°∀。）」

一開放福利，馬上一堆公司願意來蓋鐵路，但勞動人手還是不夠……

美國：「有沒有人要來蓋鐵路啊？蓋鐵路送公民證喔～（°∀°）╯」

公告一出，果然一大堆人移民到美國！

有錢的就跑去開公司（例如歐洲人）。

沒錢的就跑去蓋鐵路（例如華人）。

人口數從 1850 年的 2300 萬人，足足暴增了三倍！

結果鐵路一通車，經濟隨即一飛衝天，成為世界第一工業大國！

美國：「這下我終於變強了呢……ℓ(`•ω•´)੭」

但就在這個時候，美國海軍有一個叫做馬漢的少將卻說：「不不不，還差得遠呢……」

馬漢將軍把他寫的一本《海權論》攤開丟桌上：「美國

要是沒辦法建立一支強大的艦隊，贏得海上霸權，就根本算不上是列強國家！」

「有道理欸！！（（（°Д°;）））」美國大驚。

於是美國開始把自己定位成海洋國家，全力打造出一支強大的艦隊，並開始更加積極的往海外拓展自己的影響力，並等待機會來臨的時候，可以一舉奪下海上的霸權！

●知識彈藥庫

鐵甲艦（Ironclad warship）

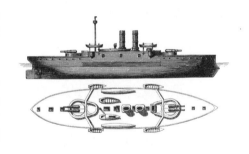

有別於以往的木製帆船，在 19 世紀下半葉時，法國跟英國陸續開始打造全新的海上決戰武器：鐵甲艦。

鐵甲艦剛問世的時候，由於「金屬殼＋蒸氣動力」對上「木殼＋風帆」的實力差距實在太大，有鐵甲艦的一方每次都能在海戰中碾壓對手。

就算不提火砲與裝甲，鐵甲艦光是直接撞上去都可以撞沉敵人，整個 IMBA。

也因為有鐵甲艦的國家就能在戰爭中獲勝，大家爭先恐後地把老船升級，沒多久所有列強國家都升級完畢了，鐵甲艦的變成基本款後，各式各樣不同類別、不同功能、不同噸位的新戰艦一艘一艘下水，一步一步地踏入世界舞台。

美西戰爭

🔫 戰爭的開端

歐洲列強國都有一堆殖民地，有了殖民地就有一堆資源跟市場。

但美國沒有。

而且這世界大部分的好地方都已經被占領光了！

美國：「哇靠，太慢進場啦！Σ(ﾟДﾟ)」

沒有海外殖民地，就不能走帝國主義，自然也不能成為列強俱樂部的會員了……

「這樣當不成超級大國啊……」美國難過。

但隨後美國靈機一動：「既然都要走帝國主義了……沒得占不會用搶的喔？」於是地圖攤開，開始尋找要對哪個國家下手。

然後找出了答案：「古巴」。

古巴位置圖

美國

佛羅里達

古巴

🔫 古巴與西班牙的愛恨情仇

古巴在美國南邊的加勒比海上，從 1511 年就是西班牙的殖民地。

在 15 世紀大航海時代開始以後，西班牙因為往東的勢力落後葡萄牙，於是西班牙王室資助哥倫布，前往未知的西方海域進行大航海冒險，想看看有沒有新的航道可以前往印度。

結果在 1492 年不小心發現了美洲新大陸！

超爽的西班牙馬上征服了大部分的美洲，還挖到巨無霸白銀礦山！這波超賺的！

有了白銀大礦山的加持，西班牙一口氣成為全世界最強

大的國家，好幾百年的時間都開著超爆幹強的無敵艦隊在海上漂來漂去，占據了超多的殖民地，連美國當年都算是西班牙的小弟。

但是之後在歐洲各國的爭霸中，英國崛起，凶狠地搥爆西班牙。

打輸英國就算了，西班牙家裡還內亂……

不斷地戰敗加上不斷地政變，昔日的大帝國現在已是風中殘燭，搖搖欲墜……掌控的勢力範圍剩下古巴、波多黎各、菲律賓以及太平洋的一些小島而已。

美國一看到這狀況，口水都快流下來了。

心裡暗想：「機會一來，我就要取代西班牙，成為列強的一分子！」

而那機會就是現在！

原來在美國獨立之後，整個中美洲跟南美洲都吹起了一股民族獨立的風潮！

古巴被西班牙統治了 300 年，現在看風向對了，也跳出來說：「我們也要獨立！」

可是西班牙卻回：「獨什麼立？『呷慶記』啦！ヽ(ˋДˊ)ノ」然後一言不合就掏槍，對民眾展開血腥的鎮壓。

為西班牙在美洲的勢力範圍

🔫 緬因號大爆炸

　　殘酷的屠殺沒有壓制住古巴人的獨立意志,反而讓革命之火燒得更旺!

　　一波一波的起義此起彼落,讓西班牙政府為了鎮壓而疲於奔命。

　　而美國身為獨立運動風氣的潮流領導人,又是古巴的好

鄰居，更有一堆在古巴的投資，於是就跳出來不斷地譴責西班牙政府，大聲呼籲：

「喂喂，西班牙！你們應該對古巴人好一點，並且尊重古巴人獨立的願望！」

為了對西班牙施加壓力，美國甚至還一直印報紙，不斷用浮誇的新聞抹黑西班牙政權！

但西班牙依舊沒有打算放掉古巴……

美國繼續魯小：「你趕快走開啦！快讓古巴獨立！」

但西班牙怒回：「我才不要勒～」

兩國愈吵感情愈差，古巴情勢也愈來愈亂。

眼見暴動愈來愈頻繁，美國只好開一堆船到古巴去撤僑，打算把在地經商的美國人先接回來再說……

1898 年 2 月，其中有一艘叫做「緬因號」的軍艦，卻在撤僑行動中不知道為什麼發生了大爆炸！

美國：「靠北喔，西班牙。你炸屁呀？（＃`ㄦ´）ノ」

美國一口咬定是西班牙魚雷搞的鬼，於是封鎖了古巴海域，把路過的西班牙船全部抓起來！

西班牙政府非常火大，就對美國怒宣戰，美西戰爭就此開打。

知識彈藥庫

黃色新聞（The Yellow Press）

在 19 世紀末，也就是美國一心一意想要往海外擴張的時候，國內的新聞媒體業也正蓬勃發展。

當時有一個叫做威廉‧赫斯特（William Hearst）的人，他是報社大亨，他發現把新聞當製造業，創造出一堆比扯鈴還扯的故事，就可以大賺一筆。

這個赫斯特，在他事業上面對最大的對手，是一個叫約瑟夫‧普利茲（Joseph Pulitzer）的人，普立茲的報紙不但設有許多專欄，還有世界第一部彩色漫畫：《黃孩子》（The Yellow Kid）。

「赫斯特 vs. 普利茲」的報紙大戰，被人稱為「黃色新聞」。

也就是專挑些煽情的、色情的、血腥的題材來寫，最好是能引起國族仇恨、種族仇恨，不然就是找些很八卦、很誇張的膚淺東西寫。

當然，這些黃色新聞多半沒有求證，甚至大多都是憑空捏造出來的假新聞，甚至報社還會收錢幫忙金主抹黑政敵，非常缺德。

而美西戰爭開打前，美國幾乎每天都用黃色新聞來大肆宣傳西班牙在古巴的暴行，杜撰一堆駭人聽聞的故事，引起美國人對西班牙的不滿，鼓吹戰爭，最後也真的引發戰爭了。

赫斯特一知道戰爭，馬上集結人馬，不斷地以美西戰爭為主題，繼續辦故事賣報紙，但後來因為報紙辦故事辦過頭，害當時總統被暗殺，從此受到人民唾棄，報社也跟著倒閉。

普立茲則是對於引發戰爭後悔不已，從此致力於提高新聞品質，捐出畢生積蓄給哥倫比亞大學開新聞學院，並設立「普立茲獎」，鼓勵所有記者都應該要追求真相，努力將知識帶給世人。

🔫 馬尼拉海戰

鏡頭這時拉到遙遠的亞洲。

美軍的艦隊已經在香港集結一段時間了，指揮官是有名的喬治・杜威（George Dewey）。

杜威在南北戰爭就已經立了不少戰功，是個兼具威望跟實力的大將，現在被派為亞洲艦隊司令後，他與他的士兵們日以繼夜地演習，等到美國與西班牙一宣戰，大軍馬上朝菲律賓出發。

1898 年 5 月 1 日，雙方在呂宋島的馬尼拉港口外，展開激烈的海戰。

儘管西班牙的船艦數量跟噸位一點都不輸給美國，但美軍都是鐵甲艦，火力更強速度更快，而西班牙卻還是一堆木造帆船，根本沒辦法對抗。

才短短一個早上，美國海軍就把西班牙的艦隊全數殲滅。

之後美國從海上封鎖了菲律賓，一方面切斷島上西班牙軍的補給，一方面等待美國陸軍過來支援。

🔫 菲律賓戰線

菲律賓被西班牙統治了 300 年，島上的人民已經不爽很久了，在美西戰爭開打前幾年就開打了獨立戰爭。

但是打了 3 年左右，獨立軍就被打敗，領導者阿奎納多（Emilio Aguinaldo）最後屈服投降，流亡海外。

他的部下們大受打擊，只能作零星的抵抗。

但現在美軍跟西班牙打起來了！

美軍在擊潰西班牙艦隊後，從海上帶給菲律賓獨立軍各種武器與物資，還把阿奎納多接回來，讓獨立軍繼續對抗西班牙。

有了美軍的支援，菲律賓獨立軍很快就把西班牙軍打得滿頭包。

西班牙部隊節節敗退，最後被圍困在馬尼拉。

但就當菲律賓大軍準備最後一擊，一舉收復首都的時候……

美軍突然提議：「嘿，馬尼拉已經設下重兵，硬要打的話，肯定會死一堆人，不如這樣，我們一邊圍城，一邊收復其他地方，他們沒有補給一定很快就會投降了，就算不投降，我們美國運來的攻城砲一到，就可以炸翻他們！」

菲律賓人聽了覺得「好像有點道理」，於是就信了美軍，開始轉去收復其他鄉鎮。

🔫 美國的背叛

　　沒多久獨立軍就收復了大部分的國土，阿奎納多組織了新的政府，宣布菲律賓獨立。

　　菲律賓全國 high 到最高點。

　　菲律賓：「終於獨立了！ Yeahhhh ～～（°∀°）」

　　但他們萬萬沒想到，最信賴的戰友，竟然帶來最殘忍的背叛……

　　原來，包圍馬尼拉的這段期間，美國已經私下偷偷找西班牙談好密約了。

　　「嘿，老兄，你們西班牙是輸定了，不如這樣，你把菲律賓讓給我，我保護你馬尼拉的將士可以平安回家，再加一筆錢，讓你回家好交代。」

　　西班牙說真的也沒有選擇，很快就點頭答應美軍。

　　最後，美軍在菲軍沒有參與的情況下進攻馬尼拉，西軍也出來假裝抵抗一下後投降，結束了西班牙在菲律賓長達 300 年的統治，菲律賓無縫接軌變成美國的殖民地。

　　占領一完成，美軍馬上翻臉不認人，槍管馬上轉向錯愕的菲律賓人，直接把前一刻的戰友趕進叢林……

🔫 古巴戰線

古巴的狀況跟菲律賓相去不遠。

在美國正式對西班牙宣戰之前，古巴起義軍已經抗爭了近 30 年，各地都有武裝勢力，甚至已經控制了三分之二的領土。

美國馬上跟他們聯絡上，組成同盟。

「既然陸上有人接應，接下來只要把軍隊送上去就好了！」

總統麥金萊下令艦隊封鎖古巴沿海的海域，並派大軍準備搶灘登陸。

西班牙艦隊這時卻突破防守，一個成功繞背，抵達了聖地牙哥港口，美軍聽到訊息後，只好再把船開過來，雙方在海上一陣激戰，但美軍新式的軍艦輕鬆地打爆西班牙老舊的艦艇。差不多 4 個小時左右，西班牙艦隊就全軍覆沒。

接著美軍在古巴軍理應外合之下，成功登陸，並馬上跟西班牙軍展開激烈的戰鬥。

西班牙軍隊被圍困在聖地牙哥，沒有海軍、沒有補給，一下就彈盡糧絕。

眼看勝利在即，古巴人士氣值爆表，全國 high 到最高點。

但他們也沒有想到，信賴的戰友竟然帶來無情的背叛……

沒錯，一模一樣的招式，美國也用在古巴人身上。

美西戰爭地圖

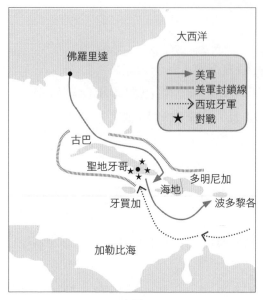

古巴

菲律賓

　　西班牙直接對美軍投降，美軍一占領聖地牙哥後，就強迫古巴軍隊交出武器。

🔫 戰爭終曲

這場美西戰爭就此告一段落。

從 4 月開始打，打到 8 月結束，總共打了 4 個月，12 月簽下《巴黎合約》，以美國大獲全勝畫下句點。

西班牙從美國那邊拿到了兩千萬的補償金，但曾經不可一世的超大帝國經過了這一場戰爭後，正式成為吊車尾的歐洲國家，黯然淡出列強舞台。

美國則在第一次進軍國際的戰爭中大獲全勝！

不但得到了古巴、菲律賓、波多黎各、威克島跟關島，從此掌握了加勒比海，也在亞洲有了根據地，一舉成為世界強權。

可憐的菲律賓跟古巴，掏心掏肺的付出，最後卻真心換絕情，數十年來的戰亂與反抗，結果卻只是宗主國從西班牙換成美國。

古巴名義上是獨立了，但實際上依舊是個沒有主權的國家，一切權力、軍事與經濟都被美國控制。

菲律賓又比古巴更可憐一點，阿奎納多不願屈服美國，率領菲軍與美國交戰，斷斷續續地抵抗了好幾年，但最後還是打不贏美國。一直到 1906 年，美軍才宣布戰爭結束，完全控制了菲律賓，開始殖民統治。

戰場再度全面改版——後膛槍與機關槍

在南北戰爭結束沒多久後，人類戰爭的型態再次完全改變。

最關鍵的一次是普魯士與奧地利的「七週戰爭」。

本來最夯的步兵排排站，在這場戰役中，被全新出現的後膛槍——「撞針槍」完全擊潰。

撞針槍是來福槍的一種改良版，也就是槍管中刻有膛線，讓子彈可以在射出時旋轉，大大地增加精準度與射程。

更厲害的是，前膛槍了不起一分鐘射個1～2發，但撞針槍一分鐘可以射22發！

最最最重要是：它可以讓你趴在地上射啊啊啊啊！

普魯士軍趴在地上、躲在草叢，或是挖個洞只露半顆頭，奧地利軍什麼鬼都射不到。

反觀奧地利軍，不但站直直，還肩並肩慢慢走，根本只是會動的靶，讓普魯士軍射免錢。

看到奧地利軍的慘狀後，世界各國趕緊全面換裝後膛槍。

在美西戰爭中，美軍當然也都全面換成後膛槍了，士兵人手一把春田工廠的M1892「克拉格・約根森」步槍。

雖然也是滿厲害的，但在西班牙軍更精良的「毛瑟槍」面前，完全沒占到便宜……(´•ω•`)

就在這個要命的 moment，美國陸軍搬出了比後膛槍更屌的「加特林機槍」。只要對準敵人，轉動旋柄，就能來個連續大爆射，每分鐘可以射600發子彈，一舉幫助美國逆轉戰局，打贏戰爭。

第一次世界大戰

美西戰爭結束後，美國終於有了大量的殖民地，成為列強的一分子，帝國主義也在此時走上了顛峰。

但除了美國以外，還有另一個國家也想成為列強，爭奪霸權。

那個國家就是德國。

德國崛起後，引發了第一次的世界大戰。

這場號稱「可以結束一切戰爭的戰爭」，讓好幾個曾經叱吒風雲的巨大帝國倒下。

同時，也催生出更多的新國家，建立了新的世界霸權與新秩序。

但這麼重要的一場大戰，大家卻反而比較不熟……

大部分人可能只記得課本寫的：

「三國同盟」「三國協約」「奧匈帝國的大公被刺殺」「美軍參戰」然後協約國就贏了，大家簽了《凡爾賽條約》，然後就沒了。

「到底發生什麼事？o__O）？」

要把這個前因後果講清楚，就要從 150 年前開始講了⋯⋯

🔫 德意志的誕生

在很久很久以前，德國其實並不是一個「國家」，而是很多很多的小國組成的一個同盟。

到了 1806 年，法國的拿破崙在歐洲囂張地跑來跑去，小矮個兒結束了奇妙存在將近千年的「神聖羅馬帝國」，將它改組成「萊茵邦聯」與「西發里亞王國」。拿破崙失勢之後，維也納會議決定將日耳曼地區組成「日耳曼邦聯」，並以奧地利王室為領導，這就是德國統一的基礎雛型。

法國看著這些日耳曼人開始合作，愈看愈毛：

「要是這些日耳曼人團結起來，我這歐洲老大還當得成嗎？ඊ_ඊ」

於是法國決定：「先下手為強！（#`Д´）ノ」並派出大軍壓境，目標是把北邊最囂張的「普魯士王國」揍一頓。

但普魯士是日耳曼人最狂的一支，不但沒被法國揍扁，還反過來直接一拳打爆法國！

法國哭著跑開，但普魯士追上去暴打一頓，還把法國整個翻過來，導致法蘭西第二帝國直接爆炸，新上台的法蘭西第

三共和政府割掉一大塊地、賠一堆錢，普魯士才肯放下拳頭。

打爆法國一回家，普魯士宰相俾斯麥馬上轉身跟其他日耳曼民族大吼：

「拎老師勒！西邊有法國、東邊有俄國！兩個超大威脅虎視眈眈，我們日耳曼民族竟然還在內鬥，大家快團結起來，建立一個國家啦！！」

「可是……」

「閉嘴！誰再問一些有的沒的，我就用鐵與血處理掉他！ヽ(｀Д´)ノ」

普奧戰爭後，奧地利退出「日耳曼邦聯」，與匈牙利合組「奧匈雙元帝國」，而普魯士整合其他邦國成立「北日耳曼聯邦」。1871 年受到普法戰爭影響，各個日耳曼小國在普魯士的領導下，組成了一個日耳曼民族為主的聯邦國家——德意志帝國。

「德意志帝國」至此颯爽登入歐洲！

🔫 軍備競賽

統一後的德國，馬上開始趕進度拚工業革命。

由於日耳曼民族天賦技能就是又專注又龜毛，加上宰相

俾斯麥超有魄力，做起事來果斷又有效率，所以英國花了80年才搞定的工業革命，德國40年就搞定了。

不但快速完成工業革命，德國還在「電力」「鋼鐵」與「化學」產業領先全世界，一躍成為歐洲數一數二的列強。

但成為列強還不夠……德國的目標是成為歐洲的霸權！

過了一陣子，老德皇過世後，新的德皇威廉二世登基了。新德皇把一些老舊的人事換了換，組了新的智囊開檢討會……

德皇：「各位，我們日耳曼民族這麼猛，為什麼還是沒辦法跟英國、法國拉開差距呢？」

大臣：「報告老大，因為我們幾乎沒有殖民地。」

德皇：「那我們趕快也去打些殖民地！」

大臣：「報告老大，陽光下的土地已經都被別人占光了。」

德皇：「QQ」

「沒有殖民地」聽起來超遜的。

要是沒有殖民地提供的市場經濟，德國遲早會被其它國家困死在歐洲。

「一定要想辦法取得更多的殖民地……」德國這麼想。

但這世界上高CP值的殖民地幾乎都被英、法占走了。

為了稱霸歐洲，勢必要想辦法從英法等國手上搶。而如果要搶人，一支強大的軍隊是絕對不可少的。於是德國開始不斷地擴軍、擴軍、再擴軍。

特別是為了幹掉英國超爆幹強的皇家艦隊，德國決定打造當時最新、最潮又超IMBA的新式戰艦「無畏艦」。

無畏艦有超大的砲、超硬的裝甲甚至還有超快的速度，完全打破海戰的平衡，所以就算英國皇家海軍有一大堆的船，但如果德國無畏艦的數量比較多，就有勝算！

　　而此時海峽另一端的英國，看到德軍狂造無畏艦，心想：

　　「靠，這根本是衝著我來的嘛！」

　　隨即下令：

　　「不管德國造多少無畏艦，我們都要比他們多一倍啦！ヽ(｀Д´)ノ」

　　於是「軍備競賽」開始了……

　　雙方想盡辦法製造比對方更多的武器、徵更多的兵。

　　但擴軍超燒錢，不論是德國還是英國，很快開始吃不消了，兩方都想結束這愚蠢的燒錢大賽，只好開始找對方商量。

　　「欸……我們不要爭這個好不好……不然快吃土了O_Q」

　　「嗯……我也覺得這樣子不好，不然我們就把手上做一半的做完就不要做了啦！」

　　談判一開始進行的還算順利，但沒多久就因為無畏艦的數量沒有共識，最後吵得比本來更兇，兩國關係更加惡化……

無畏艦（Dreadnought）

就像鐵甲艦改變了海戰的歷史一樣，無畏艦的出現，也顛覆了海戰。

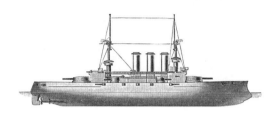

無畏艦的名字，來自英國 1906 年下水的戰艦「無畏號」，由於蒸氣渦輪科技的大突破，船艦的推進力有著飛躍性的升級，使其可以裝上更大的火砲與裝甲，這讓無畏號擁有領先一切船隻的火力、裝甲與速度。

本來當時流行的是較小口徑的「速射砲」，戰艦決戰靠的是近距離拚勇氣、準度與射速。但後來有了魚雷，海戰的距離因此拉長。而無畏號則是採用統一口徑的「全重砲」全新概念，用超遠的射程與強大的火力直接打到敵艦喊不要。

無畏號一登場，所有本來曾經是最強的戰艦，全部被歸類成「前無畏艦」，沒有一艘能跟無畏艦打，只能在海上跑跑龍套。

從此以後，無畏艦就變成一種分類方式，有一樣概念與性能的戰艦，就都被叫作「無畏艦」，其他船也以無畏艦為標準，比較舊的就叫「前無畏」，沒那麼舊的就是「準無畏」，更強的就是「超無畏」，一直到一戰結束後，《華盛頓海軍條約》簽訂，各國才開始慢慢採用其他的分類方式。

三國協約 vs. 三國同盟

鏡頭轉到法國，普法戰爭戰敗的法國一直想找機會對德國報仇。

但眼見德國好像有點強，而且還有愈來愈強的趨勢，並且老是在外交上實施「孤立法國」的手段。法國為了突破孤立，先是與俄國簽訂《法俄協約》（1894），並協助俄國蓋西伯利亞鐵路；另一方面為了英法兩國為了阻止德國無限強大，法國只好找英國重修舊好，簽訂了《英法協約》（1904），英國順便拉攏另一邊也很強大的俄羅斯，簽訂《英俄協約》（1907），大家一起當好朋友，然後手牽手一同對付德國。

英、法、俄就組成「三國協約」。

但德國也不是沒有朋友的邊緣人，除了地中海上的義大利外，南邊還有緊緊相依的「奧匈帝國」。

奧匈帝國是當時歐洲國土第二大的國家，國力排名也是TOP 5 以內，文化跟語言都跟德國相近，所以在被英、法、俄排擠的當下，根本是德國完美的盟友。

於是德、奧、義組成了「三國同盟」來抗衡協約國。

不過呢，奧匈帝國因為長年來的擴張，國內居住著許許多多不同的民族，有很嚴重的民族問題……尤其在巴爾幹半島大亂鬥的時候，奧匈順手撈了點好處。

這一撈，害塞爾維亞建立「好棒棒大國」的夢被打碎，只能忍住悲哀當個「普通棒棒小國」。

塞爾維亞人超幹。

這份幹意愈燒愈旺，一發不可收拾，而且即將燒遍整個歐洲……

🔫 塞拉耶佛的槍響

　　時間是 1914 年 6 月底。

　　奧匈帝國的大公「法蘭茲・斐迪南」，收到奧皇的命令，去波士尼亞的塞拉耶佛督導軍事演習跟閱兵。

　　而塞爾維亞的激進派組織「黑手」掌握到情報後，派出刺客，在大街上掏出了手槍，碰碰兩聲，槍槍擊中要害，射死了斐迪南大公跟他老婆。

　　這下事情大條了！

　　要知道，斐迪南大公可不只是普通皇族而已，他是王儲啊，也就是說下一任奧皇被塞爾維亞人幹掉了！

　　奧匈氣炸，開出一張清單給塞爾維亞，怒吼著：

　　「要是你們膽敢不乖乖照辦的話，我就要派出大軍打爛你們！！！」

　　由於清單上的要求太扯了，所以塞爾維亞最後還是拒絕奧匈，並開始為戰爭作準備。

　　其實一直以來，奧匈都想對塞爾維亞出手，但是主戰派一直壓不過溫和派，所以遲遲沒有出兵。現在溫和派的老大法蘭茲・斐迪南被幹掉了，從此再也沒有人能阻止奧匈發動戰爭了⋯⋯

　　軍隊們蓄勢待發，只等奧皇一聲令下，壓倒性的軍力就會踏平塞爾維亞。但就在這時，俄羅斯說話了⋯⋯

俄國人長久以來都自認自己是斯拉夫人的老大，現在出事了，斯拉夫人當然要挺斯拉夫人，這不但是義氣，更是面子問題。

「我警告你，奧匈ʊ_ʊ」

「要是你敢碰塞爾維亞一根毛，我保證會打爆你！」

被戰鬥民族這樣一嗆，奧匈稍微猶豫了一下。

但德國馬上拍了拍奧匈的肩膀，說：

「兄弟別怕，不管怎樣我都挺你啦！ヽ(ˋДˊ)ノ」

有了德國的力挺，奧匈就什麼都不怕了，馬上跟塞爾維亞宣戰！

俄羅斯也只好趕緊動員準備戰爭。

德國看到一堆俄羅斯軍隊往邊境衝過來了，馬上也動員，然後對俄國宣戰。

就在大家手忙腳亂成一團的時候，德國也沒忘記，西邊還有個大威脅：法國。

法國跟德國還有仇，當然不會放棄這報仇的大好機會。尤其當時歐洲瀰漫著一股莫名其妙的愛國情操，大家都覺得好像需要一場「可以結束一切戰爭的戰爭」來解決所有問題。

而且法國跟俄國有簽軍事同盟，白紙黑字寫在那邊，只要戰爭爆發，法國一定是德國的敵人。既然與法國一戰不可避，德國就對法國宣戰，世界大戰也就此正式開打。

🔫 大戰開打

身為一個靠戰爭崛起的國家，德國早有準備一份「施利芬計畫」：

第一步：全力往西，用最快的速度打爆法國。

第二步：打爆法國後，再把兵全部調到東線打爆俄國。

第三步：大獲全勝，爽啦，回家過聖誕節囉！（°∀°）

但法軍在法德邊境已經設好防線，德軍要是想硬上的話，一定會損失慘重。

所以德軍下了決定：從中立的比利時繞過去（順便吃掉盧森堡）。

比利時一看到德軍衝到門前，大驚失色，趕快大喊：

「欸欸欸～德國！！你幹嘛！！我是中立國啊！！Σ(°Д°)」

比利時的好朋友英國也在後面幫喊：

「不准動比利時！誰要是敢傷他，我絕不會放過他！」

但德軍心意已決，想說：「這小國家應該兇一下就會乖乖讓路了吧……」就用大砲把比利時轟得滿臉是血，占領了大部分的國土後，繼續往法國進擊。

法軍陣腳大亂，大禍臨頭，在德軍一波一波的猛攻下節節敗退……

眼見德軍只要跨過馬恩河就能直攻巴黎時，全世界都覺得法國輸定了。

就在這個要命的時刻，英國遠征軍及時趕到！！

英軍：「我們來啦啊啊啊啊啊啊～！！ヽ(｀Д´)ﾉ」

法軍馬上配合英軍，動用手上剩下的所有兵力，配合英國遠征軍拚一波反殺！

雙方沒日沒夜的血戰一整個禮拜，英法聯軍成功守住了馬恩河！

英軍：「守住啦！！」

而且英法不但守住，甚至還把德軍的兵線往回推，逼得德軍轉攻為守，開始挖戰壕設防線，以免一路被推回德國。

英法聯軍一看德國轉為守勢，為了防止德軍再度進攻，趕緊也開始挖自己的戰壕。

這下可好了，兩邊都挖好戰壕、架好機關槍了，防禦力遠高於攻擊力，雙方都沒有辦法突破對方的防線……畢竟在強大的機關槍陣地前面，任何衝鋒都只是去送死而已。

戰況陷入僵局，死傷超過百萬。

「既然正面攻不破戰壕，那我們就從側面包抄如何？(´•ω•`)？」

「喔喔喔喔！有道理喔！！」

在好幾次無效進攻後，英法聯軍想到了用戰壕包圍敵方的戰術。

但德軍也剛好想到一樣的戰術……

兩邊就開始了「奔向大海」的挖戰壕大賽，一路從瑞士山腳，挖到了比利時海邊。

　　整場戰役除了挖出兩條 500 公里長的戰壕，完全沒有任何幫助，也沒有人能料到，之後的 4 年，都要被困在這一條戰壕裡面……

壕溝戰（Trench warfare）

　　壕溝戰是第一次世界大戰最具象徵的戰鬥方式。

　　在以前，槍的性能不好，用騎兵衝鋒還是可以突破火槍兵的防線；而且不想從正面上還可以繞過去。

　　但後來，槍的性能大幅提升，不論是準度跟射程都增加了，這時有掩體的部隊，就能取得優勢。於是士兵們為了保護自己，增加陣地的防禦能力，最簡單有效地方式就是直接在地面上挖出一條壕溝，如此一來，面對敵方進攻的時候，就可以利用壕溝掩護，大大減少被子彈射中的機會，也有效減少被砲火破片波及的可能。

　　「壕溝戰」第一次出現是在南北戰爭的後期，但由於那時戰局已經大勢底定，所以世界各國還沒有辦法想像新的戰爭型態有多可怕。

　　WW1 開打後，兩軍一開始都還有軍官採用傳統戰法。但在鐵絲網跟機關槍面前，派再多人進攻都只是自殺。 所以造成一戰大多數的時間，兩軍都只能在壕溝中對峙。

　　壕溝戰的環境是非常惡劣的，由於兩軍壕溝中間已被砲火轟成不毛之地，根本沒有人可以穿越，所以被稱為「無人區」。

在無人區徒勞犧牲的將士，殘破的遺體會因沒有辦法回收而腐爛、發出惡臭，對於士兵們的衛生環境與心理健康，都會造成可怕的影響。

可怕的還有積水，腳一直泡在髒水裡，就會得香港腳，香港腳的終極型態就是「戰壕腳」，這可不是腳癢癢這麼簡單的病，嚴重一點是要截肢的。

一戰中，除了東線因為地太大，中東戰線的沙漠不適合挖戰壕以外，幾乎全部的戰線都陷入了壕溝戰困境，僵持了 4 年之久。

🔫 東線與南線

而另一邊的東部戰線，俄國在動員一完成就對德國東側的普魯士地區進攻，順利拿下不少城市。

德軍：「可……可惡，要不是我主力都在西線……」

不過德軍穩住陣腳後，一下就回過頭來把俄軍打爆。

至於奧匈的戰況就沒那麼順利了，不但打不進塞爾維亞，打俄國也打不贏，德國只好再從西線調一點人過去幫忙奧匈，然後用緩慢的速度往莫斯科推進。

這時，在一旁的「鄂圖曼土耳其帝國」發現有人正在毆打俄國，馬上大喊：

「天賜良機呀！（°∀。）」

然後加入德國、奧匈的同盟國陣線，一起進攻俄羅斯。

鄂圖曼土耳其曾經是個超大帝國，由於控制了俄羅斯從黑海開往地中海的唯一航道，所以老是跟俄國打架，最有名的

就是十九世紀下半葉的「克里米亞戰爭」，兩邊根本是世仇。

　　正巧鄂圖曼土耳其帝國那一陣子過得很不好，打輸好幾場戰爭，想說如果可以在這場大戰打贏俄國，就可以重振雄風，重返榮耀！

　　結果出師不利，鄂圖曼大軍想翻過高加索山突擊俄羅斯，結果被抓包，兩軍僵持不下，部隊被卡在山上動彈不得，還忘記帶厚外套，寒流一來幾乎全軍凍死在山上⋯⋯

　　不但沒有重返榮耀，反而看起來還有點智障（@_@）。

●知識彈藥庫

疾病

　　唯一比戰爭更致命的，就是疾病。

　　戰場上最常見的死法不外乎是中彈引起的發炎、低溫造成的凍傷、蚊蟲造成的瘧疾，以及各種流行性疾病。

　　美西戰爭中，病死的遠超過戰死的十倍。

　　而在一戰時，更出現了一種可怕的心病：砲彈恐懼症（shell shock）。

　　患者會頭痛、抽筋、暈眩、發抖、發狂、失語、失憶、失去意識⋯⋯每次發作都能讓一個士兵完全失去作戰能力，就算離開戰場，也還是會伴隨著幻覺、幻聽、惡夢等症狀。

　　一開始大家還以為只是士兵太膽小才會怯戰，甚至還會用軍法處決這種士兵。

　　但到後來得到砲彈恐懼症的人實在太多，政府開始正視問題，並認為可能是被砲彈震傷大腦引起的傷病。

　　現代醫學界將這種病命名為創傷後壓力症 （PTSD），至今依然不斷努力想找出治療方式。

🔫 世界陷入火海

故事再回到西線。

隨著戰局愈演愈烈，英國決定利用海上優勢，用皇家艦隊封鎖德國，阻斷海上的一切貿易與補給，害德國海軍的主力大部分都被鎖在港口裡出不去。

為了要在海上戰勝英國，並且突破封鎖線，德國發明了令人聞風喪膽的「U潛艇」。

U艇：「來啊！來互相傷害啊！ヽ(ﾟДﾟ)ﾉ」

U艇能從水面下突破英軍的封鎖線，並且襲擊所有開往英國的商船，實行反封鎖作戰，意圖斷絕英國的補給。

但……潛艇畢竟只能來陰的，沒辦法拿來決戰。

德國的海外殖民地一個一個地被英國、英國的好夥伴們打下來。

本來以為2、3個月就可以結束的榮譽戰爭，現在不但讓全世界陷入火海，而且戰火還繼續地延燒中，絲毫沒有停止的跡象……

就這樣燒過聖誕節，燒到1915年，大戰開打半年了，雙方依然完全被卡死在壕溝戰之中。

為了突破對方的防線，雙方開始把重點放到天空。

起先，飛機只是偵察用，去敵方位置上頭繞一繞，拍些照片方便砲擊。但德軍卻開發出劃世代的戰鬥機，直接稱霸

了天空。

「靠，德軍的飛機也太強了吧！(((°Д°;)))」

但德軍還有更屌的新武器：「齊柏林飛船」。

飛船可以直接飛到英國轟炸，而且高度還高到防空砲射不到。

不過飛太低一下就被打下來，飛太高炸彈又炸不準，所以對戰局沒造成太大影響。

除了水面下的 U 艇與天空的飛船以外，為了突破壕溝困境，德軍竟然開始大規模地使用毒氣！

大量的毒氣彈被射到英法陣地，被毒氣壟罩的士兵馬上開始呼吸困難、抽筋、失明……完全失去反擊能力。

「敵方防線潰散了！大家衝啊！！」德國軍官馬上下令。

「靠夭，我才不要衝進那種鬼地方勒！ʘ_ʘ」

結果德軍士兵自己也不敢衝進毒氣裡面，作戰失敗。

沒幾天後，協約國軍隊也開始用毒氣反擊，不過這時大家都有防毒面具了，所以除了讓大家打起仗來更痛苦以外，一點鳥用都沒有。

兩軍繼續續僵持。

士兵們日復一日待在地獄般的壕溝裡，忍受恐懼與死亡的威脅……

空中戰（Aerial warfare）

D-VII 戰機

飛機自 1903 年發明以來，一直到 1911 年才開始在戰場上被重用。

起先只是偵查用，甚至飛行員在空中相遇還會打招呼致意。

但據說某次某飛行員竟然不打招呼還比中指！氣得對方飛行員拿手槍出來射他，這就是第一次的空戰由來。

先不管故事是真是假，一開始的飛機真的不是設計來交戰用的，要一直到 WW1 才開始有定位明確的軍用機出現。

當時的飛機都是螺旋槳提供動力，要是把機槍裝到機身上開槍，就會把自己的螺旋槳射爛。

所以飛行員不是把機槍裝在機翼上，然後超難瞄準，不然就是把飛機設計成雙人座，多帶一位機槍手，不過一不小心還會射爛自己機尾。

直到德國的荷蘭人安東尼·福克（Anthony Fokker）開發出「福克 E」戰鬥機後，空戰一詞才有了全新的定義。

福克 E 本身就非常靈巧，最重要的是它裝備著「射擊斷續器」這玩意兒。簡單來講，就是一種可以把機槍裝在螺旋槳後面，可是開火時又不會射到螺旋槳的機關，在當時而言，根本是寶物級的菁英裝備，讓德國空軍射下數不清的協約國飛機，支配了整片天空，史稱「福克災難」。

除了福克 E，德國也不斷研發更優秀的戰鬥機，例如 WW1 最強空戰王牌「紅男爵」最愛的三翼機「Dr.I」，以及公認 WW1 性能最優秀的戰機「D-VII」，這些空中的怪物，一度打到協約國駕駛員的生存率竟然是用小時為單位，甚至在多次的空戰中，拿到 1：4 的可怕交換比。

協約國雖然處於下風，但也沒有坐以待斃。

隨著戰事的進行，也推出了像是法國 SPAD「S.VII」以及英國 Sopwith「駱駝」來對付德國，到了大戰後期的 RAF「Se.5」可是完全不會輸給德國空軍的強力機種。

加里波利大登陸

既然西線完全卡住了，於是德軍決定改變作戰：先打下俄國。

俄軍雖然努力抵抗，但完全不是德軍的對手，防線崩盤，一路撤退。

沙皇尼可拉斯二世眼見局勢不妙，趕緊跳上馬，咚咚咚地衝到前線御駕親征，可是卻一點用都沒有……俄軍依舊輸多贏少。

英法看到狀況不妙，要是不趕快想個辦法支援俄羅斯的話，俄國肯定撐不住的！

於是馬上派出無畏艦隊進攻黑海入口的加里波利半島，看能不能從海上打開一條支援俄羅斯的路。

協約國的登陸部隊主要由澳洲與紐西蘭士兵組成，帶著帥氣的牛仔帽非常順利地搶下了灘頭……但從海灘要進入內陸時，卻被鄂圖曼的守軍痛擊，子彈跟砲彈從山崖上不斷地撒下來，雙方沒多久就陷入跟西線一樣的戰壕僵局……

加里波利戰役從春天打到夏天，夏天超熱，蚊子超多，一堆人被叮死；再從夏天打到冬天，冬天冷個半死，流感大流行，一堆人病死。

澳紐軍團：「我受不了啦！！ㄥ（ㄒ皿ㄒ）ㄥ」

於是這場動用了 50 萬士兵，打了 11 個月，死傷 17 萬人

的戰役，以加里波利大登陸開場，以加里波利大撤退作為結局，不但沒有任何突破，更是一點忙都沒幫到俄羅斯。

🔫 義大利倒戈

不過儘管在加里波利一無所獲，但協約國從地中海開船過來的路上，順道繞去跟義大利聊過天。

義大利本來跟德國是好朋友。

但另一方面，義大利跟英國、法國關係也不錯，所以一開始並沒有想要參加戰爭。不過義大利跟奧匈就沒有這麼麻吉了，兩邊有長年的領土糾紛。再者，連討厭鬼鄂圖曼土耳其帝國都參戰了，義大利跟它完全就是仇敵啊！

所以英法見狀，馬上乘機拉攏義大利。

英法：「大利哥，來幫忙捅一下奧匈，打下來的地方以後都算你的唷！」

義大利：「好……好棒！（°∀°）」

義大利馬上變心，跳槽到協約國，並從奧匈南部發動突擊，雙方在邊界依松佐河一帶激烈地對打。

但打了 12 次都打不出結果。

除了義大利以外，南方戰線還包含了巴爾幹半島。

塞爾維亞用了吃奶的力量守住了奧匈。奧匈從正面打不贏，就拉攏塞爾維亞東邊的保加利亞當盟友。

　　壞鄰居保加利亞從背後捅了塞爾維亞一刀，從此塞爾維亞開始兵敗如山倒，一半的部隊陣亡，剩下一半逃到蒙特內哥羅。

　　蒙特內哥羅想了想：「好像沒有什麼勝算……」後，就很乾脆地投降了。

　　除了巴爾幹，南方戰線的副本一個接一個地開。

　　英軍在海軍的支援下，跑到中東也占領了一些港口，確保了自己的原油資源，但是一往內陸進攻就被圍困，另一邊埃及進攻也卡關，打半天打不下來。

　　最後派一個叫做 T・E・勞倫斯的軍官滲透進去，煽動各個阿拉伯部落起義反抗，從內部造成鄂圖曼土耳其帝國的動盪。「阿拉伯的勞倫斯」事蹟迴盪在約旦的瓦地倫沙漠之中，至今成為經典。鄂圖曼則被這招搞的很亂，元氣大傷。

凡爾登戰役

1916 年，戰場重點再次回到西線。

被英國封鎖住的德國補給條件一天比一天差。而英國跟

法國一樣也被德國潛艇封鎖，狀況也沒好到哪。

　　戰況逐漸演變成可怕的消耗戰，先倒下的就算輸。為了讓法國先倒下，德軍決定進攻法國的交通中樞：凡爾登。

　　德軍的目標很明確：「要讓法國人在這裡流盡所有的血液！」

　　法國人很 MAN 地回嗆：

　　「這裡‧一個德國人‧都不准通過！（#`Д´)ノ」

　　超慘烈的凡爾登戰役就開打了，砲彈似暴雨般地落下，士兵前仆後繼地衝鋒，但往往一衝出戰壕就被炸成漢堡肉，場面超血腥，讓這一戰之後被稱作「凡爾登絞肉機」。

　　血戰數週後，德軍小贏。

　　然而德軍沒想到的是，當初因為凡爾登是交通中樞才打它的，但既然是交通中樞，也表示法軍補給超方便，人力、物資的補給都能快速地補充。

　　反觀德軍卻因為進攻時把整片地炸得坑坑洞洞的，下雨一積水，後排的火砲根本搬不過來，造成補給跟掩護出了嚴重的問題，戰況再次陷入膠著……

　　英國看法國在凡爾登一直噴血，趕緊在一旁的索姆河發動一波更大的攻勢，逼得德軍把凡爾登的人調去索姆河幫忙。

　　法軍一看「好機會！」抓緊機會奪回凡爾登，拿下了慘烈的一勝。

🔫 索姆河戰役

　　在凡爾登開打之前，協約國軍隊已經開始準備一場大型進攻。

　　凡爾登開打後，大家只好提早行動（不然法軍就要在凡爾登死光啦）。這場戰鬥由英軍主導、法軍輔助。

　　炸彈像不用錢一樣地狂轟猛炸一整個禮拜，炸到德軍防線變成一片焦土後，英、法士兵才開始衝鋒。

　　沒想到德軍早就撤到第二防線，衝上戰場的英軍就這樣活生生成為肉靶，一天就被射死六萬人，成為英軍史上最慘的一天……

　　之後的幾個月，德軍的援軍陸續抵達，雙方你來我往，再次陷入僵持，但這次不一樣了……

　　德軍本來守在壕溝裡好好的，卻看到對面跑出一堆莫名其妙的大鐵箱，吵得要死，子彈怎麼射都沒用，更夭壽的是還能直接壓扁鐵絲網、輾過戰壕，完全阻止不了。

　　德軍：「這三小啊啊啊啊啊！(((°Д°;)))」

　　德軍前線被這刀槍不入的鐵怪獸碾壓，潰不成軍。

　　這就是坦克的首次登場。

　　德軍本來心想：「完蛋啦！」結果這時坦克全部拋錨壞掉。

　　整個戰場不論英軍、法軍、德軍都一堆問號「ಠ_ಠ???」

　　協約國失去了坦克的掩護，攻勢馬上失去力道，戰況也

又陷入泥沼。

　　這一次的大型進攻持續了 4 個月，英法軍死傷接近 100
萬人，戰線卻只往前推了 10 公里……

戰車（Tank）

　　有鑑於無法突破壕溝的困境，英國軍官史溫頓（Ernest Swinton）提案給長官，
建議軍隊要設計一種可以克服地形、壓過戰壕、輾過鐵絲網、防彈又能痛打敵人的
裝甲車。

　　「那要怎麼做才好呢？」軍方高層這麼問。

　　他回答要用農業用的毛毛蟲履帶牽引機改裝。

　　不料一講完，馬上被這些高官嘲笑：

　　「誰要用什麼毛毛蟲啦，我們要打仗又不是要耕田！」

　　「太蠢了吧！？」

　　「可以實際一點嗎！？」

　　難過的史溫頓，在離開會議前被一個大叔
拉到旁邊：「少年，這點子有創意，我喜歡」。
這個大叔就是邱吉爾（Winston Churchill）。
當時是海軍大臣的邱吉爾認為這種陸上鐵甲艦
的概念潮到出水，有機會可以幫助英國打勝仗，
就想辦法幫史溫頓的計畫找錢。

　　一開始的試作型「小威利」非常失敗，但
後續型「大威利」讓英國國王從椅子上跳起來
「就是這個！馬上做幾輛給我！」

　　為了不讓這個秘密武器被間諜發現，訂單
上還假裝軍方訂的是水箱（Tank），於是，改
變人類命運的發明：「坦克」登場了！

　　第一次在戰場出現的坦克叫做「第一型」

Mark V 戰車

（Mark I），處女秀就震驚全世界，什麼鐵絲網還戰壕的，坦克完全沒在怕，直接輾過去。

當時坦克有分男生跟女生，男生型有 6 磅加農砲，女生型則是裝滿機槍，儘管大部分的坦克在戰鬥開始沒多久就拋錨，不然就是卡在充滿積水的大型彈坑裡，但英軍總司令看完戰車的表現也跳起來：「就是這個！」然後馬上下單訂 1000 輛。

之後改良版的「第四型」修正了大部分的缺點，妥善率也比「第一型」可靠得多，在 1917 年後半的戰役中不斷立下戰果。

到了 1918 年的大戰尾聲，「第五型」以及法國的「雷諾 FT」等坦克們橫行戰場，儼然已經成為戰場中不可缺少的單位，絕對是讓協約國贏得戰爭的功臣之一。

日德蘭海戰

正當凡爾登與索姆河打得難分難解的時候，德軍被困在港口的大洋艦隊也嘗試要突圍。

但沒想到，英軍已經得到德軍的密碼本，早就掌握了德軍的行蹤，而且還擬出了一套戰術來對付德國艦隊。

結果衝突一起，雙方都吃到對方的誘餌，掉入陷阱，引發了人類海戰史上空前絕後的戰艦大決戰。

英軍 151 艘軍艦 vs. 德軍 99 艘軍艦

其中英國出動了 28 艘無畏艦，對上德國的 16 艘無畏艦。

儘管德軍數量大輸，但在一陣大混戰後，德國卻只沉了一些小船，反倒是英國沉了 6 艘大船，死傷多一倍。

然而，雖然這場大海戰打下來算德軍小勝，但艦隊正應該乘勝追擊時，指揮官卻害怕眼前的勝利是個陷阱，而下令「龜一點！別太衝！」取消追擊，把艦隊調回港口，錯失突破英國封鎖的機會。

　　而 1916 年也到了尾聲。

　　巴爾幹半島的羅馬尼亞看了看狀況，拔草測風向後，覺得站在英、法這邊好像勝算比較大，於是加入了協約國。

　　結果馬上被打爆，整個國家被占領。

美國參戰

　　1917 年之後，各戰線都變成「看誰先崩潰」的爛仗。

　　德國的將領們發現自己被完全困死，但英國與法國卻偶爾還是能從美國、葡萄牙得到一些補給。

　　「這樣下去不行啊……」

　　山窮水盡的德皇決定背水一戰，下令 U 艇們擴大範圍，無限制地對所有開往歐洲的船發射魚雷。美國被擊沉好幾艘船，氣得要死，一直怒嗆德國。

　　但德國魚雷還是一直射一直射，還偷偷發訊息給墨西哥：

　　德國：「欸，墨西哥，要不要一起捅爆美國啊？」

不料，這通電報被英國攔截到，然後拿給美國看，美國氣到彈出來，直接對德國怒宣戰。然後派出一大堆軍艦護航商船，組成豪華補給艦隊，把物資一波一波地往歐洲運……

這封「齊默曼電報」影響了一戰的走向。

🔫 二月革命與十月革命

這場看誰先崩潰的戰爭已經持續了三年，而第一個崩潰的國家也出現了。

這個國家就是俄羅斯。

俄國因為沙皇親自跑到前線帶兵打仗了，把國家丟給老婆管；老婆不會管，就丟給大臣管。還因為唯一的繼承人阿列克謝王子有血友病，導致「妖僧」拉普斯京進宮治病，進而禍亂朝政誤國。

管到內政、經濟大爆炸、貪汙與犯罪橫行；加上連年的戰爭失利、食物短缺，人民終於受不了，開始鬧革命啦！

在人民的怒火下，沙皇垮台，全新的俄羅斯誕生！

人民：「Yaaaaaaaa～～～～」

新政府：「戰爭要繼續打喔 ^_<」

人民：「Nooooooo～～～～」

人民就是不想打仗才鬧革命的，沒想到臨時政府上台竟然還說要繼續打，這誰受得了！？

於是過沒幾個月，俄國又鬧了第二次革命，這次上台的領導人列寧決定要全面登出世界大戰，割了超大一塊地給德國換停戰，之後的俄羅斯就在自己家打紅白大內戰，淡出了第一次世界大戰的舞台。

🔫 背水一戰

在東部戰線收掉後，德國得到了一絲喘息的空間。

不過因為先前試圖拉攏墨西哥的計畫被抓包，憤怒的美國已經開始準備橫渡大西洋來幫助協約國。

德國沒得選擇了，必須賭一把，看能不能趕在美國上岸之前先擊倒英法兩國，於是發動了「皇帝會戰」攻向馬恩河。

在連續五波的進攻中，德國幾乎投入了一切，包括了：

1. 最菁英的兵（暴風突擊隊）。
2. 最菁英的武器（A7V 坦克）。
3. 最菁英的戰術（砲火華爾滋）。

連續好幾波的攻勢，一舉突破戰壕防線，撕裂英法軍的防線。

「哇哈哈！果然我德意志才是最強的啦！(°∀。)」

但德軍最後的反撲並沒有成功，因為美國到了。

風暴兵再怎麼強都沒用，因為美國每天補 1 萬人進戰場，還帶來了彷彿無限的物資，讓協約國的士兵與坦克可以配合鋪天蓋地的彈幕，一步一步地推進。

德皇最後的賭注，在馬恩河灰飛煙滅，血本無歸。部隊撤回最後的興登堡防線後，再也無力進攻。

沒多久，就連這條興登堡防線都被攻破了……

◉知識彈藥庫

暴風突擊隊（Stromtrooper）

就像協約國想辦法做出坦克來突破壕溝戰的僵局，德國也很努力找方法讓自己能打贏壕溝戰。

雖然德國擄獲了很多英法的坦克，也開發出了更大台的 A7V 坦克，但只有生產不到 20 輛，對戰局沒什麼太大影響。

德軍真正的決戰兵器，是讓人聞風喪膽的「暴風突擊隊」。

暴風突擊隊成員都是精挑細選出的單身猛男，是菁英中的菁英，更是殺人放火的專家，待遇很好，每次出任務都有非常高的自由度，被授權可以在戰場上見機行事。

暴風兵會帶上大量的手榴彈、衝鋒槍、輕機槍，有時還會使用迫擊砲跟火焰槍，甚至還有防彈盔甲。他們會在小範圍但密集的砲火支援下快速衝過戰場，然後用一堆手榴彈炸翻戰壕裡的守軍。

但與傳統單位不一樣的是：暴風兵並不會花時間占領戰壕，而是造成第一道戰壕中大量死傷後，繼續突破，在敵方第二道戰壕製造混亂，並且在對方還沒反應過來的時候，就繼續往下一個目標進攻，鬧到對方整個戰壕系統人仰馬翻，癱瘓防線，再讓後援部隊進行掃蕩與占領。

暴風突擊隊在戰場上大放異彩，效果十分顯著，但缺點也顯而易見，最糟糕的

一點就是死亡率太高，雖然每個暴風突擊隊都有 1 打 10 的實力，但實在太菁英了，死了沒有人可以取代，所以人數愈來愈少。

再來就是暴風兵效率太高，速度又快，有時候一不小心就直接打穿敵人整個防線，跑到敵人後面去了，在當時無線通訊還很糟糕的年代，就算打穿了防線，也沒辦法從指揮部接到下一步指令，暴風兵們只好隨便再打下一個碉堡或建築，然後在裡面吃便當等戰役結束。

🔫 同盟國土崩瓦解

德國的其他盟友也很慘。

美國跟著英法聯軍從希臘登陸，打爆保加利亞，保加利亞簽下停戰協議，出局。

英軍聯合阿拉伯各部落痛打鄂圖曼土耳其帝國，鄂圖曼簽下停戰協議，出局。

但義大利拚盡一切守住了奧匈的最後一搏，大批奧匈士兵被俘，還活著的也跑光光，讓奧匈帝國從內而外崩潰，奧匈簽下停戰協議，出局。

整個同盟國只剩下德國還在硬撐……

🔫 基爾港的叛變與一戰的終結

「已經輸定了！早點簽下停戰協議吧！」

「我們還有無畏艦！再拚一波試試看！」

德國政府高層因此下令艦隊往英國進攻！

對此，德國海軍表示：

「這根本是自殺！拎北不幹！ᓀ_ᓀ」

不想送死的海軍們抗命，然後叛變。

基爾港的叛變消息一傳十、十傳百，全國各地紛紛響應革命。

最後德皇流亡，德意志帝國解體，過了一陣子，新的威瑪政府簽下了停戰協議。

1918 年 11 月 11 日 11 時，這場史無前例的世界大戰，畫下了句點。

🔫 尾聲：巴黎和會

一戰結束後，各國代表到巴黎開會，討論怎麼處理戰後的殘局。

國與國簽下了許多條約，其中最重要的一份就是《凡爾賽條約》。

主要的幾點，簡單講就是：

1. 成立「國際聯盟」。
2. 德國只能有很少的軍隊。
3. 德國不能有飛機。
4. 德國要賠一堆錢。
5. 德國要賠很多地，殖民地全部送人。
6. 千錯萬錯都是德國的錯。

這場大戰從 1914 年 7 月打到 1918 年 11 月。

四年多來，造成了超過 4000 萬人死亡或傷殘，家庭破碎、人民流離失所、大地滿布瘡痍。

鄂圖曼土耳其、俄羅斯、奧匈、德意志四個大帝國瓦解，也催生出許多新的國家。

美國在戰爭撿到便宜，一舉取代英國成為世界第一強國。

日本也順便稱霸了太平洋的另一頭，成為亞洲區的老大。

歐洲則要在一片斷瓦殘垣中，開始漫長的重建。

這場「能結束所有戰爭的戰爭」到頭來也沒有「終結所有的戰爭」……

事實上，《凡爾賽條約》對德國實在太嚴苛，各種荒唐的戰後處置，讓協約國總司令福煦元帥一邊搖頭一邊幽幽地說：「這不是和平，這只是 20 年的停戰……」

果不其然。

過了 19 年又 9 個月後，世界就再次因為人類的愚蠢而陷入火海……

第二次世界大戰
★ Chapter 2 ★

歐洲戰線

✈ 戰後百廢待舉的歐洲

第一次世界大戰以協約國的勝利畫下句點，但對整個歐洲經濟造成了毀滅性的打擊。

估計至少 3300 億美元在第一次大戰中蒸發，敗光歐洲累積多年的財富，讓本來高高在上的歐洲各國瞬間跌到谷底。

大家看到德國就罵：

「吼！都是你們這群混蛋引發戰爭啦！（#`Д´）ノ」

德國：「明明就是奧匈跟塞爾維亞先打起來的啊……（（（°Д°;）））」

戰勝國：「閉嘴！廢物！」

德國：「嗚嗚……」

就這樣，《凡爾賽條約》把所有的戰爭責任全部推到德國頭上。

德國人很難過，慘烈的大戰讓德國的經濟摔到谷底、物

資的匱乏讓大家民不聊生。

國家分崩離析，革命四起，政府垮台，新的政府運作都還沒上軌道，就在外交上被痛宰。

數不盡的條約緊緊掐住德國的脖子，軍隊被裁光光，殖民地全部被搶走，連自己本來的領土都被割掉一堆，還要賠一筆天文數字的賠款給戰勝國。

德國：「我要寫個慘字啊……·˚（PД`q。）·˚·」

◉知識彈藥庫

刀刺在背（Stab in the back）

在希特勒帶領納粹一步一步掌權的路上，最有名的演說，就是「刀刺在背」。這個故事是在第一次世界大戰後，英軍的將領馬爾柯姆，以及德軍的戰爭英雄魯登道夫的談話。

馬爾柯姆：「唔，其實德軍在戰場表現很猛欸，到底你們為什麼會輸啊？」

魯登道夫：「可能戰爭打太久了吧，國內共產黨跟猶太人一直鬧罷工。」

馬爾柯姆：「這樣子啊，就好像有人從你們背後捅了一刀似的……」

魯登道夫：「o_O」

戰後，這個故事被納粹黨大肆宣傳：「各位德國人啊，你們看看，當初我們德軍不是把協約國的混蛋打得落花流水，還一度打到巴黎附近嗎？而且連這麼強大的俄羅斯都被我們擊垮，我們不應該輸掉的啊！」

「對啊，對啊！」聽演講的人民紛紛點頭。

「但就是因為那些加入共產黨的猶太人在背後亂搞，又是罷工、又是煽動革命的，才害我們輸掉大戰的！」

「可惡的猶太人！」

「你們說！國家有難時，卻靠戰爭致富的人是什麼人！？」

「猶太人！」

「造成惡性通貨膨脹的銀行家是什麼人！？」

「猶太人！！」

「開工廠壓榨勞工，以及放高利貸的那些人是什麼人！？」

「猶太人！！！」

「票投納粹黨，讓我們把猶太人抓起來，好不好！？」

「好～～～！！」

在希特勒口水、汗水與淚水的精采演說技巧加成下，「刀刺在背」的故事造成德國人民非常強烈的迴響，也為納粹贏得了非常多的選票。

✈ 德國的重建之路

扛下一堆沉重包袱的德國，光戰後重建就很吃力了，面對天價賠款，怎麼可能還得出來？結果欠款一拖，戰勝國就很生氣地把德國手上最賺錢的魯爾工業區搶走！

少了生財工具，德國財政走到了盡頭，德國政府與銀行為了應付眼前難關，開始亂印鈔票：

「以後的事，以後再說啦！ヽ(ˋДˊ)ゝ」

因此造成了可怕的惡性通貨膨脹，物價暴漲，麵包一條漲到 1000 億，而且隔天還可能會漲成 1500 億，每個月幣值跟物價都漲超過一倍，鈔票變得一點價值都沒有，最嚴重的時候，「4 兆德馬克」只能換到「1 美金」。

「辛苦存的錢全部變成廢紙了嘛……(´;ω;`)」

中產階級全數破產，整個國家一半的人沒有工作，就算

有工作的也老是在罷工，這樣下去，德國就要滅亡了！

但強韌的日耳曼人並沒有失去求生意志！

就在德國要完蛋的這一刻，人民趕快找了以前的戰爭英雄上台當總理，這個英雄名叫古斯塔夫·施特雷澤曼（Gustav Stresemann）。

新總理很會，一上台就拿德國土地跟建設作抵押，發行臨時貨幣「地租馬克」1比1兆的把舊馬克換掉，把通貨膨脹壓下來先。

還在外交上展現各種神操作，導入美國資金與貸款，要回魯爾工業區，並且把欠款分成不同的類別，分期償還，讓德國可以賠少一點、欠久一點。

德國手頭有了點錢以後，跟其他國家的關係也沒這麼緊張了，經濟開始逐漸復甦。

但正當德國人心中出現希望：「喔喔～好像有救了喔！（°∀°）」

結果卻在這時候，美國經濟大爆炸了……

✈ 經濟大蕭條時代來臨

第一次世界大戰時，美國賣軍武給歐洲，借錢給歐洲，

賺很大！

　　第一次世界大戰後，美國賣建材給歐洲，再借錢給歐洲，賺賺賺！

　　大賺戰爭財的美國一下就取代英國，成為全世界最有錢的國家。

　　結果現在炒股票炒過頭，股市整組壞光光後，新上台的美國總統羅斯福只好趕快跑去找英、法兩國催討債務。

　　英法：「德國不賠我錢，所以我沒錢～QQ」

　　德國：「我不是不賠，是沒錢賠～QQ」

　　美國：「那我借你錢，可是要收利息喔～ㄏㄏ」

　　就這樣，美國貸款給德國，德國用貸款還英法，英法再用這筆錢還美國。

　　美金就這樣環遊歐洲一圈，帶一堆利息回美國，再配合羅斯福總統的各種新政策，美國經濟慢慢好轉。

　　但德國經濟卻還是只能吃土。

　　畢竟除了貸款的利息，以及還款的壓力以外，德國的經濟復甦主要仰賴於美國的資金，美資一撤，德國的經濟就再次倒了下去。

　　德國人生氣歸生氣，但也只能含淚吞下去。

　　年輕人們就這樣過著沒錢、沒尊嚴、沒積蓄也沒未來的悲慘人生……

✕ 納粹黨的崛起

就當德國再次跌入谷底的時候，新的民族英雄，阿道夫·希特勒出現了。

在 1930 年代，德國失業人口超過四成，經濟崩潰，而這時有個「國家社會主義德意志勞工黨」縮寫簡稱「納粹黨」的政黨，口口聲聲說可以拯救德國。

這個黨的領導人就是希特勒。

本來把當畫家做為人生志願的希特勒，後來因緣際會靠著超高校級的領袖魅力與演講技巧，迅速的得到德國人民的支持，納粹也在國會成為第一大黨。歷經了「啤酒館政變」，因而在獄中撰寫了《我的奮鬥》一書。之後透過選舉，成為了德國首相，並隨後透過《全權委任法》而成為德國元首，建立了德意志第三帝國。

希特勒一上台就推動了一大堆政策，像是擴大內需、發展重工業與軍工業、推廣文創、運動、增進社會福利。

這些政策超有效，德國人民生活大改善，大家有地方住了、有工作做了、有麵包吃也有牛奶可以喝，甚至家家都買得起汽車。

幫德國人民找回尊嚴後，希特勒把苗頭再次指向：

1. 外國人機歪，都欺負我們德國人。
2. 猶太人跟共產黨可惡，都扯我們國家後腿。

3.吉普賽人跟同性戀者壞壞,拉低了我們日耳曼人的素質。

4.我們雅利安人好棒棒!讓我們重返榮耀!!

在當時的氣圍下,德國人們都覺得希特勒根本就是救世主,講什麼都是對的!

反正這些壞蛋欺負我們這麼久了,現在他們付出代價剛好而已啦!

(゜∀゜)o彡°希特勒萬歲!

(゜∀゜)o彡° Heil Hitler !!

於是,希特勒開始針對猶太人、共產黨、少數民族與同性戀立特別法。也就是抓起來,關起來,再把他們金銀財寶搶光光,房子工廠充公。

接著,再將資源分配給德國人,房子與土地升級成工廠,

製造更多工作機會。

德國一吐怨氣成為歐洲最屌的國家，經濟、軍事與科技一飛衝天。

對德國人民而言，根本是跟著希特勒走就有肉可以吃，納粹制服又帥、軍人地位也高，加上滿滿的愛國心與民族優越感，自然是大家都加入了納粹、排隊想當阿兵哥。

軍人一多，國家又強盛，德國陸續把一些以前被占走的地搶回來。然後跟奧地利合併，甚至還凹到捷克一大塊土地。

同時在國際上，也不再是之前那個邊緣人了。

現在的德國，除了跟蘇聯關係不錯以外，還跟東亞最強的日本，以及地中海一帶最屌的義大利成為好朋友。

◉知識彈藥庫

慕尼黑會議

在 1936 年，希特勒的軍隊進入了萊因河的非軍事區。

這讓歐洲每個國家都很緊張，因為這代表著希特勒再也不鳥《凡爾賽條約》了！法國非常用力地譴責德國，但英國卻愛理不理的，想要以和為貴。

希特勒看準不管是英國跟法國都很害怕戰爭，於是變本加厲地繼續把魔爪伸向奧地利……

到了 1938 年，納粹的勢力已經大量滲透進奧地利的政局，由於希特勒本來就是奧地利人，而且納粹不論是國力還是兵力都相當強大，最後在武力威脅之下，奧地利臣服了，全部領土併入德國。

英法又開始強力譴責。但希特勒完全無視，繼續讓野心毫無限制地擴張，而這次的目標是捷克。

由於捷克、南斯拉夫跟羅馬尼亞這幾個巴爾幹半島上的國家，有著自己的軍事

同盟，也有相當不錯的機場與油田。

　　希特勒想要，所以希特勒説：「捷克好兄弟，要不要來當德國人呀？(ˋ·ω·ˊ)」

　　捷克説不要，但捷克北邊有個地區滿滿都是日耳曼人，這地區名叫蘇台德。

　　蘇台德的人想爭取回歸德國，不然獨立自治也可以。

　　但捷克政府當然不允許，馬上派兵鎮壓蘇台德的獨立分子。希特勒就跳出來嗆捷克政府：

　　「不准動我們的日耳曼同胞！！把槍收起來，不然我們就開戰啦！！ヽ(ˋДˊ)ﾉ」

　　英法一聽，嚇得趕快坐飛機到德國找希特勒開會，而且還排擠捷克代表，把捷克20％的領土直接割給德國，以換取希特勒不開戰的保證，這就是有名的《慕尼黑協定》。

　　張伯倫簽完還洋洋得意回英國炫耀：「看啊，各位！我把和平帶回不列顛了！(°∀°)」

　　結果不到半年，希特勒還是占領了捷克。

✈ 閃電戰

　　看到獨裁者希特勒野心愈來愈大，國際聯盟開始警告德國，但希特勒鳥都不鳥。

　　國際聯盟是一戰結束後，一堆國家合組的超大型國際組

織，一開始風風光光地訂出一堆規則，好似真的可以幫忙解決各國的糾紛一樣……

但事實上，不論是義大利的墨索里尼在非洲欺負阿比西尼亞，還是日本侵略中國、西班牙被一堆國家惡搞導致內戰爆發的時候，國際聯盟一點作為都沒有。

所以希特勒決定：「不但要繼續擴張領土，更要對以前欺負德國的國家報仇。」

而這第一個目標，就是波蘭。

波蘭在一戰結束後，因為《凡爾賽條約》的關係，拿到了西普魯士的一塊地，這使得德國與東普魯士領土被分離開來，很不方便。

德國：「這塊地還我好不好？」

波蘭：「不好。」

德國：「那不然給我蓋一條路通往普魯士行不行？」

波蘭：「不行。」

希特勒氣死，馬上跑去找蘇聯的史達林說：

「欸，我要打波蘭，你幫我出點油錢，打下來後我跟你一人一半。」

史達林覺得真是太划算啦！當然說好。

於是，1939 年 9 月 1 日，超過 170 萬的德軍開著新戰車，用了新戰法，像閃電一樣一瞬間突破了波蘭的防線，占領了華沙，跟蘇聯好朋友一人一半。

眼看希特勒三個禮拜就打下波蘭，英、法馬上跟德國宣

戰，二次世界大戰正式開打。

　　但其實，英法也沒有派兵過來，根本只是打假戰。

　　希特勒看既然你宣戰宣爽的，就順便把北歐的挪威、丹麥一併打下來，確保港口與鋼鐵。

　　而下一個目標，就是法國了。

◉ 知識彈藥庫

閃電戰

　　閃電戰，有時候有會被稱為閃擊戰，是在第二次世界大戰中，由德軍將領古德里安（Heinz Guderian）從普魯士老戰法以及第一次世界大戰經驗中改良出來的一種戰術，在當時幾乎是人擋殺人，佛擋殺佛的無敵戰術。

　　閃電戰的核心概念簡單來說，大概就是：

1. 首先要建立一支速度飛快的裝甲部隊。
2. 接著，要有一堆性能優異的飛機。
3. 全部裝上無線電。

一開戰就先用飛機搶下制空權，把所有炸彈針對敵人防線的某一個點狂轟。

接著坦克跟裝甲運兵車從這個防線上的破口衝進去。

突破防線之後，先別急著占領，而是像一個箭頭一樣不斷繼續往前攻擊，破壞敵人後方支援、補給的系統，讓敵人前線亂成一團、後面支援也進不來。

最後再跟另一個突破的集團，以及後方跟上的步兵一起包圍殲滅守軍。

順便一提，「閃電戰」這名字其實不是德軍自己取的，到底怎樣才能算閃電戰也沒有個明確定義，這戰術第一次出現的日期是 1939 年的 9 月 1 日，這一天德軍

發動了「白色方案」的作戰計畫，對波蘭展開了全面進攻。

波蘭雖然也有做好迎戰準備，但只撐不到一個月就被完全擊敗。隨後整個歐洲都被這招打趴在地。

「太……太快了吧！」美國《時代雜誌》大幅報導：「這種新戰術根本跟閃電一樣快……Σ(ﾟДﾟ;)」從此大家就跟風稱呼這個戰法為「閃電戰」了。

✈ 敦克爾克大撤退

法國早就知道遲早要跟德國一戰，所以從比利時高聳的阿登山開始，一路往南蓋了滿滿的要塞，不管什麼夭壽骨打過來，法國都一定能用這條「馬其諾防線」守住。

「英軍也來支援了，沒問題的啦！」有了英國作後援，法國人信心十足。

為了防止重蹈覆轍，法軍還拉了好幾支精銳部隊到比利時，以防希特勒像第一次大戰那時一樣從比利時「督」進來。

果然！1940 年 5 月 10 日成千上萬的德國士兵從天而降，密密麻麻的傘兵空降到荷蘭的要塞上頭，荷蘭三天被放倒，鹿特丹被炸成廢墟。

盟軍的部隊趕快向前迎戰，以免比利時被拿下。

在這同時，邊境上的馬其諾防線也同時遭到德軍進攻，戰況激烈。

沒想到就在法軍以為一切都在掌握之中的這個時刻……一群戰車突然衝出來！！

　　「WTF！！哪邊來的德國坦克！！？(((°Д°;)))」

　　沒有人能料到，希特勒的戰車竟然會爬山！

　　德軍三個裝甲師，在「閃擊戰之父」古德里安將軍的帶領下繞過了馬其諾防線，穿過高山，飛過小溪，一共走了110公里後，從高聳的阿登山脈衝下來！

　　花了十幾年蓋的無敵要塞直接被人繞過去，法軍一邊傻眼，一邊眼睜睜地看著前線被德軍一刀劈開。

　　英軍：「這樣下去我們會被包圍的！」

　　法軍：「我覺得我們已經輸了……」

　　英軍：「不行！我們要拚一波！(#`Д´)ノ」

　　英法馬上在法國西北的阿拉斯反攻，以免被德軍包圍，但是英軍的坦克有夠慢，速度差了三倍，完全跟不上敵人。

　　飛機也都被德國超爆幹強的空軍打下來。

　　盟軍完全束手無策，剩下的部隊全被圍困在敦克爾克鎮的港口，要是沒有奇蹟出現，他們只能在這裡等死了……

　　「不行！我們要把我們的人救回來！！ヽ(`Д´)ノ」

　　下定決心要戰到底的邱吉爾與英國人，趁德軍重新集結的小小空檔，投入所有資源，把所有水上漂的、空中飛的東西全都開過來救人，10天撤退了40萬人回英國。

　　也還好有敦克爾克大撤退的成功，讓歐洲的盟軍躲過被全滅的結局。

不列顛空戰

　　沒有在敦克爾克一舉殲滅敵軍，讓希特勒很生氣，馬上揮軍南下進攻法國。

　　法國政府看剩下的兵力已經不可能贏了，就很乾脆地放棄抵抗，讓德軍直接進入巴黎。

　　1940 年 6 月法國投降德國，貝當元帥成立傀儡政權「維琪法國」，戴高樂將軍流亡至英國成立「自由法國」。

　　義大利也趁機跑出來撿尾刀，跟法國宣戰後，占領法國南部一大塊。

　　剩下沒被占領的東南部，則是歸「維琪法國」的這個傀儡政府所控制管轄。花了 20 年準備戰爭的法蘭西，結果撐不到一個月。

　　處理完法國後，德國、義大利、日本正式組成了「軸心國」的三國同盟。

　　「接下來剩下英國了！」

　　希特勒一開始還想跟英國談條件，但邱吉爾脾氣很硬，一直回嗆：「我們絕不投降辣（#`Д´）ノ」

　　這下希特勒更生氣了，立刻派出轟炸機，想要炸翻英國逼他投降。

　　但英國皇家空軍表示：

　　「沒有人能在不列顛的空中打敗我們辣！！（#`Д´）ノ」

保護家園的總是比侵略者更拚命，皇家空軍賭上老命在空中英勇抗敵。

　　在新研發的雷達幫助下，皇家空軍用 700 架飛機打贏了德國的 2600 架，從空中守住了家園。

　　而且每次倫敦被轟炸後，英國馬上就會開轟炸機去柏林炸回來。再加上美國在 1941 年 3 月突破孤立，通過《租借法案》，借錢給英國，就這樣鬼打牆循環互相傷害了四個月後，希特勒看到自己的飛機損失慘重，只好鼻子摸一摸，放棄了入侵英國的計畫。

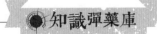

維琪法國（Régime de Vichy）

　　1940 年 5 月 10 日，這一天全法國的人都是被希特勒用炸彈叫起床的。

　　在第一波空襲中，法國已受到不小的打擊，隨後升空的飛機也幾乎全被德國空軍殲滅，辛苦打造的超強防禦要塞直接被德國繞過去，而在比利時迎擊的部隊遭到擊潰，不是被抓就是逃到英國。

　　「完蛋了！囧」

　　在德軍兵臨城下之際，法國總理雷諾這才發覺：法國將領們對於戰爭的觀念都還停在第一次世界大戰，根本無力抗衡全新思維的德軍閃電戰，只好黯然下台。

　　法國人把 83 歲的「凡爾登雄獅」貝當元帥找回來當總理。但沒有籌碼的貝當，了解戰局不可能被逆轉後，下令：「把政府遷到波爾多去，宣布巴黎不設防禦了」。

　　6 月 14 日，德軍把納粹的旗子插滿巴黎。

　　6 月 22 日，法國投降。希特勒還特別把 WW1 中德國對法國投降的火車拖出來，讓法國在同一個位置簽下協議書，狠狠地羞辱法國一頓。

　　之後，法蘭西第三共和被拆成「法蘭西國」跟幾個「軍事占領區」，因為行政中心設在法國中部的維琪鎮，所以也被稱為維琪法國，是個奉行法西斯主義的集權

政府。

　　為什麼要特別稱為維琪法國？因為在此同時，還有第二個法國。

　　這一個法國，叫作「自由法國」（France libre），由撤退到英國的戴高樂將軍所領導，繼續到處反抗法西斯政權。

　　儘管全世界除了英國以外，所有國家都承認維琪法國，但是戴高樂還是不斷地呼籲法國人要站起來抵抗，而且三番兩次公開嗆貝當：「老頭！你忘了高盧人的榮耀嗎！？怎麼可以臣服於德國！（#`皿´）」

　　最後在盟軍反攻的時候，戴高樂隨盟軍一起搶回法國，成立臨時政府，等戰爭結束後就馬上改回本來的共和制，叫作第四共和。

　　然後 1958 年又大改版一次，變成第五共和，一直到現在。

✈ 冬季戰爭

　　就在希特勒準備進攻法國的時候，蘇聯也沒閒著。

　　史達林先是強迫波蘭附近的幾個國家加入蘇聯，接著就把目標放在西邊的芬蘭。

　　為什麼是芬蘭？

　　史達林其實一點都不信任希特勒（畢竟希特勒老是在靠北共產黨）。

　　跟德國同盟的目的除了波蘭這塊地不賺白不賺，更重要的是讓德、法、英對打，消耗彼此國力。

　　「這時要是能拿下芬蘭、再拿下瑞典的話，以後就不怕

希特勒從這邊攻過來，而且我蘇聯也能得到更好的港口與源源不絕的鋼鐵啦！」

於是⋯⋯

2 億人口的蘇聯，對 200 萬人口的芬蘭宣戰。

100 萬蘇聯紅軍，對戰 2 萬芬蘭軍。

6000 輛蘇聯裝甲車，對戰 30 輛芬蘭裝甲車。

本來大家都覺得「完了完了，芬蘭要被輾爆了！」

結果跌破所有人眼鏡的事發生了！

芬蘭不但沒被輾爆，反而拚死抵抗，在雪地中痛打蘇聯一頓！

「就算戰力懸殊，我們也要讓所有侵犯我們家園的人痛苦地死去！」

訓練精良的芬蘭軍穿著雪白色的大衣，在零下 30 度的雪地中進行遊擊戰。

相反的，蘇聯剛才結束一場政治清算，將領都是菜逼巴的年輕人，雪積太厚車輛也動不了。

紅軍穿著設計不良的褐色毛皮大衣在雪中蹣跚前進，這在芬蘭狙擊手眼中，根本是長了腳的靶而已。

這場「冬季戰爭」打了四個月，蘇聯失蹤與死亡超過 30 萬人，外加 30 萬人受傷生病，還要被其他國家笑廢物。

最後只好意思意思地跟芬蘭簽了一張合約，拿了 10％的國土跟一些錢回來，但對此蘇聯士兵表示：

「這塊地只剛剛好夠埋葬我們的弟兄而已⋯⋯ O__Q」

虎式坦克（Tiger I）

講到第二次世界大戰中最厲害的坦克，大部分的人第一個想到的都是「虎式」。

在當時，德軍主打的閃電戰中，德國的 1、2 號輕型坦克、以及 3、4 號中型坦克藉由速度與性能，輕而易舉撂倒了歐洲各國。

但其實在攻打法國的時候，德軍發現他們的坦克沒辦法單挑英法的重戰車，會贏只是因為英法的重戰車速度真的太慢，時速只有 10 公里上下，找個肥宅都跑得比較快，所以德軍直接繞過坦克去修理步兵，把坦克交給飛機跟火砲處理。

「給我更強的戰車！ヽ(ﾟДﾟ)ノ」希特勒下令。

於是，6 號重型坦克「虎式」就此誕生。

虎式真的太強了，砲打得又準又猛，射程超級遠，裝甲硬得跟鬼一樣，還能跑得飛快，橫行戰場強無敵，在東線隨隨便便就可以一個打十個，甚至有十幾個戰車長打出破百輛擊破的成績。就算是在西線完全失去航空優勢的情況下，也一樣能打出接近 1 比 5 的可怕戰果。

但虎式也是有致命的缺點。

除了是盟軍的惡夢以外，虎式也是德軍後勤人員的惡夢。

虎式很貴、很難保養、很難生產，整個二戰期間，德國只生出 1500 輛左右的虎式，然而，美軍主力 M4 雪曼生了接近 5 萬輛、蘇聯主力的 T-34 則是接近 6 萬輛，對手光靠數量就可以淹死虎式了，更別說虎式常常因為自己故障而被德軍銷毀⋯⋯

儘管戰況不利，希特勒依舊堅持「我們要繼續作出更強的坦克！」所以除了超強的虎式，納粹工程師們也陸續造出更強的虎王式重坦、鼠式超重坦這些決戰兵器。但美國與蘇聯卻以「那我們來造更多的坦克！」做回應，利用標準化與規格化的戰略，用數量擊敗質量，終結了德國的鋼鐵勁旅。

✈ 巴巴羅薩作戰

德國橫掃完法國後，就去弄英國。

生氣的英國，從海上封鎖德國，讓德國沒辦法取得物資。

雖然德國馬上報仇，派潛艇不斷地襲擊英國船，但德軍一樣在油料、原料補給開始出現問題。這時的德國只好向蘇聯借油料等資源……

但希特勒從一開始就討厭共產黨，也深信俄國一定會背叛他，可是現在資源卻要被蘇聯掌控住了。

「萬一史達林先背叛我的話，我不就完蛋了嗎？」

希特勒想想不對，覺得好像該先下手為強才對，反正蘇聯這麼弱，連打個小芬蘭都能打成這樣……

於是，德國先中斷對英國的攻勢，部隊往南先確保地中海的安全，沿路推倒了南斯拉夫跟希臘這兩個敵國，再配合義大利、羅馬尼亞、保加利亞與克羅埃西亞，完全控制巴爾幹半島。

與盟友會合，並另外開了一條補給線後，希特勒已無後顧之憂。

1941 年 6 月 22 日凌晨，德軍正式發動「巴巴羅薩作戰」320 萬的部隊，隨著暴雨般的砲火，入侵了蘇聯……

✈ 蘇聯的衛國戰爭

蘇聯也知道遲早一天要跟德國開戰的。

但沒想到法國輸得這麼快，所以蘇聯根本還沒準備好，而且連芬蘭這時候都跑來報仇，所以蘇聯大戰初期整個被德軍殺爆。

隨著德軍快速地進擊，紅軍一邊實施「焦土作戰」一邊撤退，也就是跑之前把所有能用的東西全都燒掉，讓德軍就算占領也得不到任何資源。

儘管紅軍從後方不斷地動員，用人海戰術不斷衝鋒，但德軍仗著空中的優勢得到了壓倒性的勝利，半年內就奪下蘇聯西邊龐大的領土，北邊也圍困住列寧格勒，而主力軍離莫斯科近在咫尺……

「打完莫斯科就可以回家啦！」德軍這麼想，但德軍想不到的是蘇聯軍使出渾身解數死守，硬是把戰局拖到了冬天，那可是數十年難得一見的霸王寒流。

德國本來以為蘇聯這麼廢，入冬前就能打完收工，所以在裝備跟補給上並沒有對嚴寒充分準備，引以為傲的裝甲單位也因為結冰而癱瘓，又長又沒效率的補給線讓德軍完全失去了進攻的力道。

但蘇聯不一樣，他們有去芬蘭補習班上過課，深深了解如何在暴雪中作戰的方式，畢竟那可是 30 萬條人命買來的教

訓啊！

　　加上蘇聯人本來就很習慣寒冷，而且在制服以及配備上也更能適應雪地作戰，終於成功保住首都莫斯科，並還反過來在雪地中開始反打德軍！

　　「巴巴羅薩」的作戰失敗，讓希特勒氣個半死，在此之前他都是想打哪就打哪，幾乎戰無不勝，希特勒竟然怪罪到活下來回國的將士：「不是說不准撤退嗎！？為什麼還是撤退了！！？」

　　隨後竟然把大半倖存的將士判軍法，甚至連元帥、上將也不例外，這讓德軍士氣低落到谷底。

　　而蘇聯卻士氣大增，洗刷軍事弱國的汙名，連國際地位都一併提升了。

✈ 史達林格勒保衛戰

　　德軍把目標改到了南邊的油田以及史達林格勒，由於這是工業重鎮，加上以史達林命名，所以希特勒下令：「你們給我不計一切代價拿下這座城市！！」

　　另一邊史達林也帶著紅軍回嗆：「我們絕不後退一步！」

　　整個二戰慘烈，也最血腥的一戰就此開打！

德軍用砲彈、戰車以及轟炸不斷地猛攻，甚至進入城市後占領了大部分的區域。

蘇軍不斷地徵兵，把男女老少全部投入戰場，用人海戰術不斷地跟德軍打近距離城鎮戰，戰況空前激烈，所有德軍跟蘇軍全部打成一團，爭奪一棟一棟的建築。

也因為敵我全部混在一起，德軍的空優與火砲都沒辦法好好發揮，蘇聯軍再次把戰況拖進了冬天。

蘇聯的爛泥巴路，以及問題一堆的鐵路，配上超低溫與暴雪，再次完全癱瘓德軍的後勤，蘇聯軍緊緊握住機會，拚盡吃奶的力氣反攻德軍。

德軍將領：「快回報元首，快擋不住了，我們要撤退了！」

這時候希特勒卻回覆：「不准撤退！（ㄨ°皿°)ㄨ」

德軍將領：「糟糕！我們完全被包圍，子彈快打完了，請求投降！」

希特勒：「不准投降！（ㄨ°皿°)ㄨ」

德軍將領：「QQ」

德軍因為紀律太好，一堆將士們對希特勒的命令絕對服從，不撤退也不投降，讓好幾個軍團的菁英部隊被全數殲滅，德軍元氣大傷。

也就在這一刻開始，德國與蘇聯的戰況逆轉。

蘇聯乘勝追擊，追著德軍打，一共發動了十次攻勢，大量德軍戰死與被俘，本來戰無不勝的強大軍團現在只能邊打邊退，最後大多都無法活著回德國。

這場「偉大的衛國戰爭」蘇聯總共死傷近 2000 萬人，但也是第二次世界大戰中最重要的轉捩點之一，無敵的德軍從此失去主動權，只能一路挨打。

而希特勒的惡夢才正要開始，因為就在德軍跟蘇軍火拚的時候，盟軍也拿下了北非跟希臘。

更壞的消息是：日本偷襲了美國，把美國拉進了戰爭，現在正不斷地把物資與科技運給蘇聯與其他同盟國，而盟軍下一個目標就是義大利了……

✈ 義大利倒戈

當初義大利的墨索里尼，本來意氣風發地成立了法西斯黨，藉著民族主義取得了義大利政權，並領導義大利順利度過了經濟大蕭條，成為各國爭相學習的對象。

但後來軍隊強了，就開始覬覦別人家的土地了。在非洲攻下了阿爾巴尼亞，還跟希特勒手牽手一起搶了一些別人的殖民地後，偷襲法國，再一起組成軸心國聯盟，本來說好會幫忙防守地中海並保障補給路線的。

結果……雖然義大利海軍很強，有效牽制住英國皇家海軍，保住了補給路線，但義大利陸軍根本是豬隊友，不論是

在北非還是巴爾幹半島的戰鬥表現都差強人意，導致德國還得派一堆兵力來幫忙。

義大利軍真的弱到令人傻眼的程度，常常還沒打就投降了，而投降的理由什麼都可以拿來用，像是「紅酒喝完了」「沒義大利麵醬了」……

到後面因為投降的義軍實在太多了，英軍乾脆直接空一塊地給他們：「欸，自己的戰俘營自己蓋，我們沒空。」

沒想到義大利戰俘們竟然生出了冰箱、廚房跟熱水淋浴間，戰俘營比英軍臨時指揮部的設施還高級。

「不對啊，以前義大利明明沒這麼弱啊……？ʘ_ʘ」德軍將領一邊抓頭一邊感到困惑。

原來是獨裁的墨索里尼一天比一天討人厭，各地戰況也不斷地失利，英勇的遠征隊在蘇聯全軍覆沒，讓義大利的人民愈來愈不想挺墨索里尼了。

而盟軍看準了這一點，派出許多間諜滲透進義大利，早就跟許多義軍談好條件，所以這些義大利軍根本只是故意擺爛的！

「靠！你們不想打就早點講，不要在那邊扯後腿好嗎！ヽ(ˋДˊ)ﾉ」

但是為時已晚，盟軍勢如破竹地搶下西西里島，隨後攻上義大利本土，而墨索里尼被義大利人自己政變推翻，新的義大利政府直接表明要站在同盟國這邊。

雖然墨索里尼逃往義大利北部另起爐灶，但很快又被趕

走，最後被暴民幹掉，屍首還被吊起來示眾。

失去了義大利這個盟友後，德國的補給幾乎全部斷光光，能用的資源愈來愈少，只剩下羅馬尼亞那邊還有一些油可供調度了。

知識彈藥庫

義大利有沒有這麼弱啊？

講到二戰時期的義大利，總是被拿來當作笑柄，甚至還有動漫把義大利擬人化成呆呆憨憨的可愛角色。

義大利真的有這麼弱嗎？

其實義大利不見得這麼不堪，除了在地中海牽制住了英國皇家艦隊以外，跟著德國去打蘇聯的遠征軍表現也算可圈可點。

之所以看起來會這麼弱，主要原因除了一直吞敗戰以外，還有：

第一點，義大利不論是一戰還是二戰都打一半換陣營，所以在宣傳戰上同時被雙方抹黑，各種小事情都會被拿來做文章。

例如有次，義軍在決戰前夕，軍官拿出珍藏的紅酒說：「兄弟們，今天可能就是我們最後的晚餐了！讓我敬各位漢子一杯！」結果營地卻在這個時候被英軍襲擊。於是就演變成「義大利人在戰場上開紅酒 party！」的北七故事到處流傳。

第二點，希特勒發動二戰的時候，其實義大利還沒做好戰爭的準備，之所以還是跳下去打，是因為看到希特勒已經快打贏法國了，不趕快進場撈不到好處才急急忙忙宣戰。

第三點，也許是最重要的一點，在戰爭後期的時候，墨索里尼已經開始失去民心，政治上也逐漸失勢，許多士兵根本不願意為他賣命，但直接投敵又會被當作叛國賊，所以乾脆在戰場上擺爛。美軍、英軍的間諜也充分利用這一點，故意跟義大利演戲給德軍看，讓德軍錯估情勢，失去在地中海的勢力。

🛩 諾曼第登陸

　　再來就是美軍帶著同盟國，從法國諾曼第登陸了！

　　美軍賺了兩次戰爭財，也為這場戰爭準備多年，這時候是戰鬥力 MAX 的狀態，面對裝備精良、經驗豐富又紀律嚴謹的德軍雖然打得有點吃力，但是依然不斷地推進，沒多久就成功收復法國。

　　接著在邊境遭遇德軍的抵抗後，決定發動一個「市場花園」作戰，先丟一堆傘兵去收復荷蘭，然後從北邊看能不能打進德國。

　　結果被德軍打爆。

　　戰況稍為陷入膠著，但美軍為首的盟軍也不著急，如果他們在這邊拖住德軍的話，那另一邊的蘇聯軍就能取得優勢。

　　蘇聯表示：「沒問題！(•ω•́)」

　　蘇聯已經回復了元氣，龐大的工業實力順利運作中，每天都可以生產出幾百部戰車與飛機，而且已經開始對巴爾幹半島那些德國的盟友一個一個下手，奪走了德軍最後的油田。

🛩 集中營

在東西兩線夾擊德國時，盟軍發現了一些大大小小的集中營。

這些營區專門管理猶太人，在日耳曼優越民族主義下，希特勒認為只有雅利安民族的才是好的血統，像猶太人、吉普賽人、同性戀這些人都是劣等民族，應當從世界上消失。

在這扭曲的仇恨下，猶太人在集中營過著毫無人權的苦日子，每天吃不飽、睡不飽、沒有保暖衣物、還被迫做苦工，日子一久，這些人的健康狀況愈來愈差，一個接一個倒下……

戰況吃緊後，希特勒沒有這麼多人手看管這些集中營，乾脆開始把這些猶太人殺死，一開始用槍，後來為了省子彈，改用吊的，之後嫌用吊的也太沒效率，德國開始執行「最終方案」：假裝說要幫他們洗澡，騙他們進入「淋浴間」後，用毒氣一次毒死一票人，非常有效率，但完全沒有人性。

在同盟軍快攻到德國首都柏林時，許多德軍直接放棄集中營，放任猶太人在集中營、火車車廂與監牢中活生生餓死。

不論是美軍還是蘇軍，都在進攻柏林的過程中發現這一處一處的人間煉獄，許多士兵大受打擊而崩潰，並將情緒發洩在周遭城鎮的德國平民上，結果發現，大部分的德國人完全不知道這些集中營發生的事，直到盟軍強迫這些德國平民進入集中營善後，德國人們才知道他們敬愛的元首到底幹了

什麼好事……

　　據統計，超過 600 萬的人在集中營被希特勒毫無人道地弄死了。

✈ 最後一搏：突出部戰役

　　走投無路的希特勒決定在冬天時，於阿登地區作出最後一次的困獸之鬥，心想要是能突圍造成大量美軍傷亡，並再次占領荷蘭的話，也許能在談判桌上取得有利籌碼。

　　於是，大批會講英文的間諜跟傘兵被丟到美軍背後擾敵。

　　為了因應，美軍設立一堆檢查哨，強迫經過的人要回答一些美國歷史、地理或是時事的問題才可以通過，答不出來的就抓起來。

　　結果美國人間諜沒抓到，還不小心把自己家的布雷德利將軍抓起來了。

　　就當美軍被耍得團團轉的時候，德軍瞬間精銳全部殺出來，打得美軍措手不及，死傷慘重。來不及撤退的美軍被包圍在比利時下雪的叢林，以及名叫巴斯通的小鎮裡出不來。

　　不過這狀況沒有持續很久，因為德國快沒油了。沒油，戰車就沒辦法囂張，所以令人聞風喪膽的德軍坦克突然開始

龜縮。

　　盟軍這邊可沒這個問題，運輸機跟戰鬥機滿天飛來飛去，不斷空投物資給被圍困的部隊，然後再用戰鬥機一架一架的炸爛敵方坦克，情況對德軍不利，這時又接到希特勒的命令：「趕快回柏林啊！蘇聯打過來了！」

　　希特勒最後一次的豪賭就這樣失敗了，從此再也沒力氣組織任何攻勢。

✈ 圍攻柏林

　　英美為首的同盟軍在包圍德國後，就放慢了進攻，把任務目標改成：

　　1.尋找希特勒當初搶走的金銀財寶與文化產物。

　　2.拉攏勸降德國優秀人才與接收技術。

　　3.建造防禦工事，以防蘇聯打完柏林直接找同盟國開打。

　　攻下柏林變成蘇聯軍的任務，而他們也滿樂意擔任這個工作的，德蘇梁子結這麼大，紅軍全心全意地想血洗柏林。

　　柏林方面，希特勒死不投降，一次一次挺過政變，一次一次集結剩餘兵力反攻，但都不敵蘇聯的人數優勢，最後希特勒甚至還下令發放武器給小朋友跟平民，要求戰到最後一

兵一卒。

　　但他最後剩下的幾個親信開始抗命，並且極力說服元首：「老大，這仗不可能逆轉了，再拖下去，你會像墨索里尼一樣被公開處刑，屍體示眾的……」

　　希特勒才不想要這樣沒尊嚴的死法，於是把後事交代交代，跟多年的女友舉行了婚禮後，服毒開槍自殺，德國投降。

　　1945 年 5 月 8 日，這一天是歐戰勝利紀念日，歐洲的人民歡欣鼓舞慶祝戰爭畫下句點。

　　但對許多人來說，戰爭還沒結束，遙遠的太平洋上，盟軍還在跟日本苦戰中……

　　而對德國人來說，地獄的生活才正要開始……

◉知識彈藥庫

二戰中的蘇聯

　　在一戰打一半的時候，打著社會主義招牌的布爾什維克政權，在列寧的領導下發動政變，打贏了內戰，趕走了跑來亂的外國人，成立了《蘇維埃社會主義共和國聯盟》，簡稱蘇聯，英文縮寫為 USSR 或 CCCP。

　　但因為一戰打一半就離開，所以蘇聯沒辦法以戰勝國的身分參與《凡爾賽條約》，甚至還被排擠。

　　這時的蘇聯與德國同病相憐，私底下偷偷互相幫忙，甚至德國的許多軍官、戰車駕駛、飛行員都是在蘇聯偷偷訓練出來的。

　　到了希特勒上台，希特勒雖然超討厭共產黨，但還是維持住德蘇之間的緊密合作關係。

　　可是這時英法一直故意想帶風向，想讓德國先跟蘇聯打起來。

　　「我偏不要勒！(•ω•́)」

希特勒不但不上當，還反過來跟蘇聯簽下密約，手牽手一起瓜分波蘭，還進一步邀請蘇聯成為軸心國的一分子！（但因為蘇聯想要巴爾幹半島，希特勒不想給，所以談判不了了之。）

　　開戰之後，蘇聯經歷了一連串的軍事挫敗，但在蘇聯差點輸掉大戰的時候，得到了天時、地利、人和的幫忙，也就是：

　　1. 冬天超冷。

　　2. 雨水與融雪造成的泥濘。

　　3. 希特勒突然腦殘，做了一堆錯誤的決定。

　　順利度過難關的蘇聯，得到了美國的技術與資源大力幫助，恢復了交通網跟生產線，最後在庫斯克坦克大戰、庫班空戰以及無數場血戰的勝利中，與美國一起扳倒了納粹野心。

　　然而，仗還沒打完，兩邊就翻臉了，拿下柏林的蘇軍，降下了一道鐵幕，割開了德國，肆意屠殺東德的人民、強暴東德的婦女，點燃了民主 vs. 共產的戰火，開啟了長達 45 年的冷戰局面。

侵華戰爭

🛩 日本的崛起

第二次世界大戰除了在歐洲打打殺殺以外，也在太平洋上面打得昏天地暗，不過在開始聊太平洋戰爭之前，我們要先從更早一點，大約是 1853 年左右開始講起。

當時日本實行了很長一段時間的「鎖國」政策，不讓任何人進來，也不讓任何人出去。

直到美國人把又大又黑的戰艦直接督進日本港口，然後說：「安安你好，要不要做點生意呀？(•ω•)」

被人用砲管抵著頭，日本也只能說好。簽訂了《神奈川條約》開放港口，之後又陸續與英、荷、俄、法等國簽訂不平等條約，重新與外國人接觸。

不開還好，一開發現：「靠夭，歐美這些國家也太強了吧！(((°Д°)))」

要是不趕快振作起來，哪天日本被這些列強消滅了都不

奇怪。

　　於是日本內部發動一連串的改革，把統治權從將軍手上拿回來給天皇；全面學習西方的制度、教育、工業與科技。

　　這一改，效果十分顯著！

　　日本很快就成為一個君主立憲的國家，國力扶搖直上，新制軍隊跟艦隊看起來都有模有樣的！

　　這就是明治維新，也是「大日本帝國」的誕生。

✈ 甲午戰爭與日俄戰爭

　　日本國力強了，也想學學歐美的帝國主義，成為列強之一。而帝國主義需要使用軍事力量取得殖民地，利用殖民地的市場來獲得更多的資源，再拿這些資源發展更強的軍事力量。

　　日本第一個對琉球王國下手，成功！

　　接著再對朝鮮王國下手，也成功！

　　但清國跳出來說：「欸欸，朝鮮是我的保護國欸！」而跟日本大打出手。

　　開戰之前日本還一度很緊張，畢竟清國不但是歷史悠久的超大國家，還握有亞洲最強的北洋艦隊。

　　但是一開戰以後，日本出乎意外地打爆清國，還一不小

心殲滅整個北洋艦隊，得到完全勝利！

「呼，原來我不弱嘛！(°∀°)」

日本開心地從清國手上拿走一大筆賠款，還得到了遼東半島跟台灣，超開心。

然而，俄國人卻在這個時候跑出來說：

「欸～不行啊！這裡的港口跟鐵路是歸我管的耶！(#`Д´)ノ」

俄羅斯一講完就找法國、德國，一起逼日本把遼東半島還給清國，這就是有名的「俄德法干涉還遼」。

日本雖然還了，但日本很不開心，開始討厭俄羅斯，還一直跟俄羅斯吵架。

俄羅斯帝國勢力遍布歐亞，也是歷史悠久的大國，但跟超弱的清國不一樣，俄羅斯是正港的列強大國之一，戰鬥力很強，也很有侵略性，日本覺得害怕，於是馬上去找英國做好朋友。

有了兄弟撐腰，日本就不怎麼害怕了，直接跟俄羅斯打了起來。

在一連串奇襲中，日本占了上風，隨後更是把俄羅斯的船全數擊沉，再度拿下全面勝利。

「真的假的啊！？日本贏了！？」

當時全世界根本沒人料得到日本能打贏俄羅斯，黃皮膚的第一次在戰爭中打贏白皮膚的，跌破大家的眼鏡。

「唔，我好像有點強……(ˋω´*)」

一口氣打贏兩個大帝國，日本風風光光的成為列強之一，走路不但有風，還有 BGM。

　　但其實，日本在日俄會戰只能算是險勝，不但打光了彈藥，還花了一大堆軍費，最後卻沒得到賠款……

✈ 一戰後的困境

　　日俄戰爭過沒多久，第一次世界大戰就在歐洲轟轟烈烈開打。

　　日本挺英國，加入了協約國這一邊，打倒了德國在亞洲的全部勢力，成為戰勝五大國。可是，戰爭一結束……日本就開始衰。

　　首先，國內的白米供貨與價格失去平衡，造成全國性的超級大暴動。

　　好不容易把白米問題搞定，結果卻因未加入了國聯，被迫裁軍，造成經濟不景氣。

　　經濟還沒復甦，關東就發生超級大地震，震倒無數建築，也再次震倒了經濟。

　　好不容易大地震重建之路開始了，結果全球發生經濟大蕭條……日本突然從又強又風光，變得又窮又衰。

人民不再信任政府，開始什麼都牽拖政府：

「吼，日本就是太過自由民主了，才害大家沒飯吃啦！」

日漸抬頭的軍隊高層也藉機興風作浪：

「對啊！對啊！政府那群政客完全忘了大和魂跟武士道精神！」

「只有我們軍人會真正為天皇拋頭顱灑熱血！」

「軍人好棒呀！」

「天皇萬歲！」

人民變得唾棄走英美風格，行政黨政治的日本政府，改而推崇行國家主義的軍方。

而軍方也利用了這股民氣，逐漸茁壯，茁壯到不可收拾的地步……

◉知識彈藥庫

米騷動

1918 年，第一次世界大戰接近尾聲。

日本雖然有參戰，但不但沒像歐洲那樣打得家破人亡，甚至還因為販賣軍需用品而大賺了一筆，被稱作「大戰景氣」。

因為如此，農村的年輕人慢慢往都市流動，從事較工業的工作，或是跑去養蠶、當兵之類的。

少了年輕人的農村，生產力一天不如一天，但愛吃米的日本人，每天還是一樣要吃掉 1.8 公升的米，所以米價步步高升。

更糟糕的事情發生了！因為俄國內戰打得火熱，日本政府決定派兵去西伯利亞撈點好處，一聽到要出兵，平民深怕以後沒米吃，都想說：「哇！趕快先買一些米回家。」

但商人更賤，算準平民跟軍隊都需要米，就開始大量屯米，造成市場供應不足。

一時之間，米價暴漲，而且有錢也不一定買得到，沒米吃的日本人開始抗議、罷工，最後演變成超暴力的全國大暴動，直到日本政府派出軍隊鎮壓，逮捕了兩萬多個人才平息。

米騷動造成當時日本內閣解散，取而代之的是非常西式而民主的政黨政治。同時也造成了日本農業政策重新調整，而這些政策，直接影響到朝鮮跟台灣之後的命運。

✈ 滿洲國

時間來到了 1931 年。日本的經濟還是死氣沉沉，國際上的好朋友也都自身難保。

更糟糕的是，清國被中華民國取代後，跟日本許多新仇舊恨沒有解決，中日關係愈來愈差。

這個時候，日本派駐在中國的部隊「關東軍」終於受不了啦！竟然擅自出兵占領了中國東北的滿洲！還把以前的滿清皇帝溥儀找回來，成立了個「滿洲國」。

各國紛紛譴責：「日本！你怎麼可以入侵別人家！」

日本連忙否認：「我沒有，是關東軍他們自己自作主張！」

儘管日本政府也跟著譴責關東軍、不承認滿洲國，但是關東軍振振有詞地說：

「我是為了日本的未來，同時也是在幫忙滿洲人回家鄉

建立自己的國家耶！」

關東軍理直氣壯，但明眼人一看就知道這根本是為了占人便宜，所以各國繼續譴責日本：

「欸～快管管你們家的關東軍啦！ヽ(｀Д´)ノ」

各國：「……呃？日本？ʘ_ʘ？」

國際聯盟的列強們，本來希望日本政府能接受國聯的調停，趕快把軍隊從中國調走，但日本軍隊的人卻直接暗殺了日本首相犬養毅，許多與軍方作對的內閣官員也一個接一個被幹掉。

政府高層從此只剩下軍方的人，以及屈服於軍方的人，日本正式進入軍國主義時代。

新的日本政府怒噴國際聯盟：「你們還不是占有一堆別人的領土當殖民地！你們可以有澳洲、有印度、有菲律賓，結果我今天幫滿族人建立個滿洲國，你們卻在那邊毛一堆，這種爛聯盟我沒辦法接受啦！(ﾒ°皿°)ﾒ」

然後，麥克風一甩，轉身離開，退出了國際聯盟。

✈ 失控的愛國心

退出了國際聯盟後，日本在滿洲國、朝鮮以及台灣這幾

個殖民地順利運作下，回復了一點元氣。

軍方依舊不斷地擴張勢力，並且還發生了一次嚴重的流血政變，舉國上下徹底成為類似法西斯的軍國主義，整個日本壟罩著一股病態的愛國心，彷彿只要是為了國家，什麼事都做得出來，包括了侵略其他國家。

而當時的中國，國民黨跟共產黨正打得昏天地暗，全身都是破綻，根本是超肥美的一塊肉！

其實日本從中國還在軍閥割據時期，就一直從中作梗，畢竟中國愈亂，日本愈能趁亂撈些好處。

但先滿蒙而後華北的日本侵華策略做過頭了，在「九一八事件」「一二八事件」「滿洲國」及「冀東防共自治政府」等一連串的蠶食鯨吞之下，反而讓國共兩黨決定不內戰了，聯手抗日先。

於是在 1937 年 7 月 7 日，日軍藉口說有士兵在蘆溝橋附近失蹤，想進城找人，中國軍當然不肯，日本就用這理由大舉進攻中國，讓本來的零星軍事衝突，演變成國與國的全面戰爭。

「中國這麼弱，幾個月就打得贏啦！（｡ ∀ ｡）」

日本將官們，本來自信滿滿地以為短短幾個月就能打趴中國，強迫中國承認滿洲國，順便可以占些土地、簽些不平等條約。

但日本沒想到的是：中國經過連年的戰亂，已經不像以前清國一樣這麼好欺負，頑強抵抗的國民政府軍隊讓日本的

攻勢不斷受阻，本來預計三個月打贏中國的，結果三個月才拿下上海一座城市，「八一三松滬會戰」浴血瓦解了日本「三月亡華」的夢想。

　　接下來的攻勢也沒比較好，死了一堆人，還因為前線士兵犯下一堆殘忍的戰爭罪行，使得國際形象重挫，尤其在日軍攻入南京時，造成大量平民傷亡，還被大肆宣傳，這下全世界都覺得日本是大壞蛋了。

　　美國跟英國為首的國際聯盟，本來同時賣武器與戰爭原物料給日本跟中國，這下因為道德問題，英美開始管制對日本的貿易，還增加了對中國的援助，讓日本仗打起來更加痛苦。

　　而且更頭痛的是，前線對付的中華民國軍，戰敗撤退時會開始燒房子、炸橋、炸水壩，拖垮進攻速度就算了，要占領還要先花心力去修復基本設施跟救災，反而失去更多資源……

　　戰線後方也很痛苦，要應付共產黨組織的遊擊戰。

　　不調兵防守的話，一不小心就會被摸掉一些人，資源被搶光，但調兵來防守費神費力，浪費資源，更別提常常人一到，共產游擊隊早就跑去騷擾別的地方了。

　　前線攻不進去，後方疲於奔命，日復一日地消耗……

　　本來以為侵略中國可以從中獲取一堆利益與資源的日本，現在不但沒有從中得到好處，死了一堆人，還被國際孤立、看笑話，根本就是陷入一個爬不出來的泥沼。

花園口決堤

國軍在與日軍陷入苦戰時，主要的戰略為「用空間換取時間」，打不贏就拖台錢。這招效果十分顯著，因為中國地大，日本人力跟物力都支撐不了這份開銷。

1938 年 6 月，為了阻擾日軍的前進，國民政府把花園口的黃河堤防炸掉，滾滾黃河馬上把河南、安徽、江蘇泡在水裡，不僅癱瘓了鐵路與交通，也阻止了日軍南進武漢的攻勢。

「帥啊！戰術成功！(ｑ˘‿˘)ﾉ」

但是讓國民政府始料未及的是，儘管成功阻止了日軍的攻勢，但對自己平民的疏散卻不夠確實，洪水淹掉了 5000 個村莊城鎮，還造成之後好幾年的農作物歉收跟蝗災，最終造成 89 萬平民死亡，1200 萬人流離失所的大災難。

✈ 中國投降

就這樣卡在中國幾年，日本看這樣下去不是辦法，決定調整政策。

近衛內閣對中國人民喊話說：

「中國的朋友們大家好，這仗打得大家都很累，不如我們不要打了，我們大東亞地區的亞洲人們應該合作，才能抗衡歐美諸國，重返榮耀！ヽ(•ω•´)ゝ」

國民政府：「閉嘴！侵略者快滾！」

「我覺得日本這次講得很有道理啊！」

國民政府：「……唔！？」

原來，國民政府高層之一的汪兆銘，一心希望中國可以不再流血，就帶著手下人馬回應了日本的和談。

日本很興奮，以為取得重大突破，馬上全力幫助汪兆銘回到南京建立全新的中國政府 2.0，並想說：「以後就用這個汪兆銘去對付蔣介石與毛澤東就好啦！」

但事與願違，中國的人民不領情，把南京政府視為漢奸集團，各種不配合。

南京政府被稱為「偽軍」的那一夥人，就是不想要戰爭才投靠日本的，所以根本沒興趣反過來對付其它中國人，打起仗來都在擺爛，反而還增加日軍管理上的困擾。

就這樣，又繼續消耗了好幾年。

日軍明明已經占領中國大部分的精華地區，卻還是沒賺到資源……

這對資源少、人口少的島國而言，非常吃虧。

為了翻身，日本決定繼續加碼，把大東亞共榮圈的構想強化，把目標放到更遠的印度支那，也就是今天的越南、寮國、柬埔寨。

諾門罕戰役

在日軍決定繼續南進之前，除了資源上的考量以外，還有一個重要的原因就是：日軍其實和蘇聯在諾門罕這地方打了一架。

1939年5月，在滿洲國跟外蒙古的交界處，滿洲國跟蒙古因為邊境的衝突有所摩擦，然後摩擦變成了軍事衝突，日軍跟蘇聯軍就用滿洲與蒙古的名義打了一架。

戰鬥分成兩部分，一開始日本小贏，但日軍後來被蘇聯的坦克打成智障，一開始贏的又被全部搶回去。

儘管蘇聯占盡優勢，不過由於這時歐洲情勢非常緊張，史達林不想節外生枝，所以9月的時候，日蘇簽訂了《日蘇互不侵犯條約》，條約中說好雙方要互相尊重、互不侵犯，要是其中一方被捲入戰爭，另一方必須保持中立。

因為《日蘇互不侵犯條約》簽下去，蘇聯可以把遠東的部隊調到歐洲；日本也不用擔心來自蘇聯的威脅，於是安心地往東南亞進攻。

✕ 大東亞共榮圈

「唔，雖然花大筆資源打下的中國根本是賠錢貨，但我們可以以中國為跳板，進攻東南亞，取得我們需要的橡膠跟原油啊！」

日本隨即開始對東南亞各國宣傳他的「大東亞共榮圈」理念，看看有沒有人要跟進。

打著如意算盤的日本，這時卻把事情搞得更加複雜了。

之前打中國，中國並不是任何人的殖民地，所以國際聯

盟跟列強還可以睜一隻眼閉一隻眼。但東南亞國家一堆列強殖民地，你日本到處鼓吹他們民族獨立，反抗白人，這不就是明著找碴嗎！？

「不可以放任日本下去了……(ˇ•ω•ˇ)」

美國開始實施經濟制裁，試圖逼退日本。

對日本而言，戰爭的資源大多仰賴外國進口，尤其是最重要的原油幾乎都從美國買來的，而打仗最需要的就是油，日本剩的那一咪咪根本不夠支撐下去。

不過就在此時，希特勒在歐洲發起了戰爭，開始用超IMBA 的閃電戰術碾壓全歐洲！

日本一看法軍在歐洲被德國打成智障，馬上當機立斷，直接入侵法屬印度支那。

美國這下更生氣了，通過了法案，聯合好幾個國家，對日本實施全面禁運。

不管什麼鋼鐵啊、橡膠啊、還是武器零件跟石油，統統不准運到日本！

美國此招一出，日本只剩下兩條路可以走：

1. 撤退，丟臉地回家，這幾年軍人白死、戰爭白打。
2. 賭一把，突擊美國，搶下東南亞所有資源，贏了就跟德國一起征服世界。

日本毫不猶豫選擇了「2」。

於是，1941 年 11 月 26 日，一支航空母艦艦隊，在海軍大將山本五十六的指揮下，在黑夜的掩護下，悄悄駛離了日

本，航向美軍在夏威夷的海軍基地，準備把整個太平洋拖入
火海……

大東亞共榮圈

在日本侵略中國遇上瓶頸的時候，
就把以前曾經提過的一些想法，重新整
理出一個全新的主張，那就是整個亞洲
以日本為中心，大家互相合作的「大東
亞共榮圈」。

「我們亞洲人要把那些殖民我們的
白人趕走！自己當自己的主人！(°∀°)ノ」

這口號非常響亮，許多來自不同國
家的人響應，但也被許多人指責「這根
本只是你們侵略別人國家的藉口嘛！♂_♂」

大東亞共榮圈看起來有點像帝國主義 2.0，背後的目的一樣是取得別國的資源與
市場，所以儘管日本幫助了各個國家民族獨立，但扶植出來的政府卻還是得聽日本
大哥的話，可以説是傀儡一樣的政府。

但傀儡政府總比被別人殖民來的好，東南亞許多長期被白人殖民統治的國家，
心生賭爛已久，一聽到日本願意幫助，馬上組織了反抗勢力，在二戰時跟日本裡應
外合，建立親日政權，並在戰後各自獨立。

太平洋戰爭

✈ 南方作戰

在歐洲跟東亞戰得烽火連天的時候，美國人大部分都還是每天爽爽過。

雖然政府已經默默地開始做一些準備，但人民與軍隊一點都沒有緊張感。

一直到 1941 年 12 月 7 日這一天……

這天是禮拜天，駐守在夏威夷珍珠港的美國大兵們，一大早就看到幾架飛機遠遠的飛過來。

「咦？飛行員今天加班啊？真是血汗啊……（˘•ω•˘）？」

地勤人員還在困惑這些飛機是哪個單位的時候，一顆顆炸彈就這樣砸了下來！

爆炸聲此起彼落，基地被炸、船被炸、機場被炸，所有看得到的地方都在爆炸。

措手不及的美軍，被整整痛打了 1 個小時又 50 分鐘，被

轟沉了 4 艘主力戰艦，另外 4 艘戰艦大破起火，小一點的也沉了 14 艘；近 200 架飛機還來不及起飛就被炸個焦黑，接近 4000 個美軍陣亡。

日軍卻只損失 29 架飛機跟 5 艘小潛艇而已，是一場非常成功的奇襲。

但是今天我們回頭去看，珍珠港卻是戰略上的大敗筆……

因為航空母艦不在港口裡所以沒炸到，儲油庫也沒有炸到，倒是氣炸了所有美國人，把當時最強的工業大國捲入了戰爭……

珍珠港事件的同一天，日軍同時對東南亞各國的殖民地發動閃電突擊。

先打馬來亞（現在的馬來西亞），然後泰國，然後新加坡，3 萬日軍直接挑戰超過 10 萬的英軍。

「哼哼，日本怎麼可能戰得贏我們皇家艦隊……」英國海軍很有自信。

結果海陸空全部被秒殺，在亞洲兩百多年來的海上霸權三兩下就被日本帝國海軍粉碎。

主力的戰艦，砲管口徑再怎麼大，對上航空母艦的艦載機完全派不上用場。

「快讓我們的飛機升空！趕快把它們打下來呀啊啊！！」

但就算是英軍的飛機，根本不是日本零式戰機的對手，只能看零戰到處肆虐，全軍束手無策，英軍全面敗退，就連重兵駐守的香港，都只撐兩個禮拜。

還活著的英軍逃向緬甸，並祈禱一旁的泰國可以爭取一下時間……

結果泰國直接放給日軍過！

緬甸沒多久就失守，首都仰光被日本占領，英軍只能繼續撤到印度。

差不多同一時間，荷蘭的東印度群島也被日本進攻，但荷蘭在歐洲的老家已經被希特勒輾平，根本沒力氣阻止日本。

在菲律賓的美軍也沒好到哪裡去。

航空隊第一天就被殲滅，首都馬尼拉守不到 10 天就被打下來。

剩下的邊打邊退，但沒多久就被包圍，大多直接被日軍俘虜，只有部分成功逃往澳洲。

就連已經是德國控制的維琪法國，日本也不放過，輕輕鬆鬆就控制了中南半島。

短短半年，列強在東南亞的勢力被連根拔除……全部換成日本的旭日旗。

●知識彈藥庫

航空母艦

在一戰之前，統治海上的霸主是無畏艦，無畏艦之後還有超無畏艦，海戰用的船朝著「大艦巨砲主義」的路線前進。

但一戰期間，飛機開始浮上戰場，對於勝負的影響力愈來愈大，軍艦們開始在砲台上裝設跳台，供飛機起飛用。

隨著飛機愈來愈強，英國人發現「應該要造一艘可以起降更多飛機的船」於是把一艘巡洋艦的後半部整個改裝成跑道，但卻因為設計問題，造成飛機降落難度很高。

「不然整個甲板都改裝成跑道好了……」英國人嘗試把郵輪直接改裝，造出世界第一艘全通式甲板的平頂船，航空母艦「百眼巨人號」就此誕生！

接著這份技術與概念落入日本人手中，日本人則是針對艦載機特性與戰鬥需求，打造出世界第一艘純正血統的航空母艦「鳳翔」，並在 1921 年 11 月下水。

隨著侵華戰爭與第二次世界大戰，航空母艦用實力證明了自己，在太平洋戰爭後取代戰艦，成為海上最強的力量。

杜立德空襲與珊瑚海海戰

儘管蒙受了極大損失，但美國可不是省油的燈。要是有人打他左臉的話，他就會用砂鍋大的拳頭，把那個人的左右臉都打爛。

為了報珍珠港的仇，美國人把航空母艦進行了魔改裝，並橫渡太平洋後，用減肥到走火入魔，輕到能在航空母艦起降的 B-25 轟炸機，把幾個大城市炸了一輪。

這場「杜立德空襲」雖然沒有對日本造成很大的傷害，但成功讓日本嚇傻了眼，畢竟在這之前，只有日本揍人，沒有日本被揍這回事，完全沒料到在海外贏成這樣，家裡竟然會被偷打。

「看來除了南進以外，也必須強化東邊的防禦。」

也就是說，日本本來的戰術是：

1. 往南進攻所羅門群島＋巴布亞新幾內亞。

2. 入侵澳洲。

現在，還要加上「3. 往東打下阿留申島以及中途島」。

日本：「這樣一來就能打造出完美的國土防衛圈啦！ヽ(`Д´)ノ」

但是人算不如天算，日軍萬萬沒想到……美軍已經破解了日軍的無線電加密方式！

美軍馬上派出艦隊前往珊瑚海攔截，並且先發制人，造成日軍航空母艦一艘爆炸、一艘重創。

憤怒的日軍馬上追上去痛毆美軍，一樣打沉美軍一艘航空母艦，另一艘則是陷入火海。

這場海戰規模沒有很大，但具有重大意義。

因為這是史上頭一次的空母對戰，雙方都不在彼此的視線範圍，而是用艦載機互相傷害。

同時也是太平洋戰爭中，同盟國第一次成功擋下日軍攻勢！（不然之前都被打爆，讓日本予取予求。）

最重要的是，這場會戰讓日本好幾艘船沒辦法繼續參與

下一場「MI 作戰」。

也就是決定日本命運的戰役：中途島海戰。

✈ 中途島

儘管失去了一艘航空母艦，另外兩艘也有必要送廠維修，但日軍還有四艘全世界最強的航空母艦：「赤城」「加賀」「飛龍」「蒼龍」，以及一大堆護航艦。

而美軍只剩下「企業號」「大黃蜂號」兩艘航空母艦，跟一艘壞掉的「約克鎮」。

就算把中途島駐軍跟護航艦算進去，不論是質跟量都遠遠地落後日本。

日本海軍：「可以啦！贏定了啦！ヽ(｀Д´)ノ」

於是派出了日本能投入的最大兵力，共出動了 200 多艘船，甲板面積加起來還比中途島還大。

美軍這邊，因為成功破譯日軍無線電，所以高層認為還是有機會反打一波。

美國海軍：「可以啦！賭一把啦！(#｀Д´)ノ」

1942 年 6 月 4 日凌晨，激烈的海戰與空戰在中途島同步展開。

日軍信心滿滿地打算一舉攻下中途島，順便看能不能引出美國太平洋艦隊。

「只要拿下中途島、再把美軍最後幾艘航空母艦擊沉，這世界上就完全沒有人能阻止大日本海軍橫行太平洋啦！」

而美軍也知道這場艦隊決戰要是打輸了，就會失去制海權，美國本土就危險了。

英勇的美軍駕駛員一邊被零式痛打，一邊摸進高空的雲層，趁日軍航空母艦正在為艦載機換炸藥的時候全力俯衝，投下炸彈，把全世界最強的航空母艦直接炸成全世界最強的人工魚礁。

日本：「可……可惡，再給我 5 分鐘，飛機就能起飛迎敵了 O＿Q」

可是就這短短的 5 分鐘，改變了世界的歷史。

眼見主力的 4 艘航空母艦全部沉到海底，日本海軍司令山本五十六趕快帶著剩下的船逃離這個鬼地方。

從此，太平洋海上的局勢完全逆轉，美國成為太平洋上的主場攻勢。

●知識彈藥庫

格魯曼鐵工廠

　　太平洋戰爭一開打的時候，美國海軍面對所向無敵的日本帝國海軍，處於絕對劣勢，尤其是航空母艦以及艦載機的差距都落後日本一大截。

而主要的艦上戰鬥機：F2A 水牛式，根本只是零戰的靶，連九六式都打不過。還好，這時候格魯曼公司的 F4F 野貓式挺身而出，拯救了美國……

　　野貓剛服役的時候，飛行員看到都說：

　　「呃……好像有點醜欸……♂_♂」

　　「這是飛機嗎？這只是鐵桶裝上翅膀吧！？」

　　「其實這家公司是鐵工廠吧？」

　　但一上了戰場，野貓馬上讓美國人知道「可靠」兩個字怎麼寫。

　　野貓其實打不贏零戰，每次對決都非常吃力，老是被射成蜂窩。

　　但這一架一架的野貓就算被擊中，一樣咬緊牙關繼續打，真的撐不住了，也要拚最後一口氣迫降在艦上、在海上，就為了讓駕駛員活著回家。

　　反觀零戰，只要中彈就化為一團火球，人機一同殉職。

　　就這樣，美、日對人命的觀念差異，悄悄逆轉了戰局……

　　美軍總是想盡辦法讓駕駛員活下來，除了增加飛機的安全性以外，還會把王牌駕駛員調到二線，甚至調回家當教官，讓他們把珍貴的經驗與技巧傳承下去。

　　日本卻把王牌送去最激烈的戰場，要是機體出狀況，還會叫駕駛員找艘敵船撞下去。

　　所以，美軍駕駛員每次被擊落，都會變得更強，然後捲土重來。

　　日軍駕駛員中彈就沒了。

　　日子一久，美軍駕駛愈來愈強，王牌愈來愈多，日軍王牌卻幾乎死光光。

　　最後，格魯曼公司推出野貓的後續機，也就是更可靠、更兇猛的 F6F「地獄貓」。

　　地獄貓一樣一臉鐵工廠產品樣，樸實無華，性能平庸，看似沒有過人之處，但卻以超高效率把日軍一步一步送進墳墓。

　　首先，地獄貓防禦力更強，操作更簡單，用過都說讚。

　　再來，地獄貓可以整架飛機折疊起來，根本魔術大空間，讓空母可以載更多的飛機出門，夥伴們手牽手一起圍毆日機。

　　最重要的是，地獄貓更便宜、更好升級、更好維修也更好生產！

　　日本這邊，零戰出生的時候為了滿足無理的要求，幾乎 0 防禦力、幾乎不能折疊、幾乎沒有

F4F Wildcat 野貓式戰機

升級空間，加上後勤維修亂七八糟，根本沒有辦法抗衡美國的地獄貓。

最後在馬里亞納海戰的時候，地獄貓一戰打下日本 400 架飛機，一舉奪回太平洋的天空，粉碎了日本海軍所有空中的力量。

✈ 瓜島攻防戰

盟軍取得了海上的主動權後，第一件事情就是要繼續阻止日軍進攻澳洲，所以盟軍必須拿下索羅門群島。

盟軍挑選了「瓜達康納爾」這個島，並且順利搶灘登陸。

正當盟軍還在納悶怎麼事情這麼順利的時候，就遭到日軍凶猛的反攻。

兩軍圍繞著這個島進行了快半年的血戰，雙方都死傷慘重，尤其熱帶海島超惡劣的天氣、地形、蚊蟲、疾病把盟軍整個半死。

但經歷過瓜島一連串的戰役後，日軍海、陸、空剩下的實力大不如前，從囂張撬人的惡霸，慢慢轉成只能挨打防守的劣勢。

更讓日軍絕望的是：

美軍的動員已經完成，士兵很多就算了……但後方夭壽的工業能力，完全讓小國日本傻眼。

多夭壽呢？

生產線巔峰狀態的美國，生產速度大概是：

一年 30 艘航空母艦、10 萬架飛機、2 萬輛坦克。

驅逐艦跟護衛艦之類的，一個禮拜下水一艘；貨船或是魚雷艇這種小船，甚至三天就能生一艘出來 ⋯⋯ 根本是在下水餃啊！

日軍本來就是因為資源不足才選擇開戰的。

現在澳洲打不下來，瓜島又被占領後，美軍潛艇開始到處趴趴走，到處襲擊日本貨船，導致許多資源送不回本島，不論是飛機還是軍艦的產能都大幅下降，連油料都亮起紅燈。

在這壓倒性的資源差距下，風向已經完全吹到盟軍這邊，接下來統統都是盟軍的回合啦！

✈ 跳島作戰

取得了瓜島後，美軍的大頭們開了一場會。

麥克阿瑟將軍說：「我們應該先拿下所羅門群島，然後是菲律賓，阻

斷日本殖民地的補給後，逼日本投降！」

尼米茲將軍說：「不不不，我們應該繞過所羅門，從太平洋的小島一個一個占領然後拿下台灣，往日本本土推進，直接打爆他們！」

羅斯福總統則是說：「我全都要！(๑•̀ㅁ•́)ﻭ✧」

於是，兩個作戰同步進行。

麥克阿瑟率領盟軍往菲律賓攻過去、尼米茲則在太平洋進行跳島作戰。

這一年是 1943 年，麥克阿瑟帶領陸軍與海軍陸戰隊在南太平洋進行一連串的激戰，很辛苦地奪回所羅門群島、巴布亞新幾內亞以及印尼。

海軍也開始了從塔拉瓦島開始，把吉爾伯特群島一個一個搶回來。

但是美軍也在此領教到日軍的可怕。

這種可怕已經不是戰鬥力的強弱了，日軍的思考邏輯根本不是自由民主的美國人能理解的。

不管再怎麼劣勢，日軍幾乎都不會投降。

日軍完全沒在怕輸，甚至打到後面跟本就不是想打仗，而只想造成更多美國人的死亡。

每個島都挖一大堆密道，就算美國戰艦、戰機連續轟個三天三夜，日本人還是會從地洞裡跑出來殺人。

不拿火焰噴射器往洞裡先燒個一輪的話，部隊根本沒辦法前進……

還會有詐降然後拿手榴彈自爆、裝死然後跳起來自爆的。甚至還把病死的人丟到井裡故意汙染水源……各種匪夷所思的戰法。

相較於歐洲戰線較溫和的天氣、較有紀律、較守戰爭法的德軍，太平洋戰線根本就是地獄。

✈ 中印緬戰區

鏡頭回到中國、印度跟緬甸。

中華民國政府一分為二，一邊是汪兆銘領導的南京政府，另一邊是蔣介石領導的重慶政府。

然而，一系列的戰鬥後，國軍輸多贏少，就算打贏的戰役也都是慘勝。

還好，在一片敗仗中，還有一支表現出色的部隊。

這支部隊是孫立人領導的中國遠征軍，一路從中國殺進緬甸，不但拯救了大批英軍，更是確保了滇緬公路的交通路線。這條路讓美國可以把物資跟兵器運進中國，讓中國可以從後面扯日本後腿。

美國一直運一直運一直運，中國就一直扯一直扯一直扯。

日本百萬大軍就這樣被拖住，既不能北上幫忙德國，也

不能南下支援太平洋。

✈ 菲律賓海海戰

到了 1944 年，在太平洋上的日軍被迫一步步撤退。

美軍也已經接近了菲律賓島，為了取得這一帶的制空權，美軍的目標是馬里亞納群島。

美軍：「只要拿下馬里亞納島，日本就進入轟炸機的飛行範圍了！」

日本說什麼也不能讓家鄉陷入危險，於是集結了大量的空母艦隊，與美軍進行了一場人類史上最大的空母決戰。

然而，美國海軍的數量與實力都已經變強到日本沒辦法招架的地步了。

想當初，日軍主力戰機「零式」在戰爭初期殺爆了全世界。但此一時彼一時，美軍主力艦載機已經都換成最新的 F6F 地獄貓，性能完全壓制零式，配上全新科技的 VT 防空炮，沒幾個小時，就把日軍 300 架飛機全部打下來了。

美軍飛行員：「這……這……根本就是打火雞大賽嘛～～（；゜д゜）」

除了天上飛的以外，日本航空母艦隨後也被美軍潛艇追

上，用魚雷擊沉了三艘航空母艦。

馬里亞納海戰後，日軍幾乎失去全部的大型航空母艦、飛機與駕駛員，也因為全新的旗艦「大鳳」在這一戰被擊沉，指揮系統陷入混亂，無法繼續在這個海域執行任務。

美軍一看到日軍的混亂，立刻衝上一旁的塞班島、關島，拿下了馬里亞納群島。

● 知識彈藥庫

零戰傳奇

只要提到太平洋戰爭，就一定會提到這架日本傳奇戰鬥機：「零戰」。

零戰出場時，剛好是日本皇紀 2600 年，所以就取尾數「00」來命名成「零式艦上戰鬥機」，編號 A6M。

當時日本的主力是九六式艦戰，但戰事不斷擴大後，日本海軍高層覺得有必要開發更強的艦上戰鬥機，於是就找來三菱重工，塞給他們一張需求清單：

「我們需要新的飛機，要最強的那一種」。

三菱一看：「靠天，這要求太扯了吧！(；°Д°）」

軍官們桌子一槌：「不管，給我想辦法生出來！」

三菱：「O_Q」

面對海軍無理的要求，三菱工程師，堀越二郎，竟然克服萬難生出一架劃時代超強戰鬥機！

一上場就打遍天下無敵手，殺爆美、英、法、中所有的戰機……

「什……什麼！？日本的飛機都是怪物嗎！？ OAQ)」

大家一看到零戰就跑，有膽子上前跟零戰纏鬥的飛行員一個一個死於非命，可怕的零戰傳奇一頁一頁不停地寫……

但其實啊，零戰超強的原因不只是性能優秀，更重要的是：這些飛行員已經在中國戰場練功練了好幾年了，所以……「老練的飛行員＋最新戰機」當然輕鬆打爆盟軍的「菜逼巴飛行員＋老飛機」。

日軍：「easy 啦！（°∀。）」

囂張沒落魄的久，隨著戰場時間的推移，美軍在阿留申島戰役捕獲一架零戰，近全新、狀況良好，馬上回家開箱分析弱點如下：

1. 皮超薄，被打中幾乎必死。

2. 無線電超爛，飛行員靠手勢溝通。

3. 主機槍子彈少，副機槍口徑小。

4. 高速與俯衝的時候超弱。

於是美軍開發出好幾個戰術，像是：

「打帶跑」：以高速的一擊脫離取代低空纏鬥，讓零戰的靈活度完全派不上用場。

「薩奇剪」：用無線電優勢多打一，圍毆只能用手勢溝通的零戰。

而且美軍新一代的地獄貓戰機還特別加厚裝甲，讓零戰的 7.7mm 副機槍連射都射不穿。

從此空中戰況隨之逆轉，本來讓人聞風喪膽的空中殺手，短短幾年就變成了空中打火機。

零戰傳奇從此畫下句點。

✈ 帝國艦隊的末路

得到了馬里亞納群島後，美軍開始布局轟炸日本本島，麥克阿瑟也帶著部下奪回菲律賓了。

阿克阿瑟：「把我們的旗子升上去！從此不准任何敵人再把它降下來！（#`Д´)ノ」

但美國一奪回菲律賓，日軍馬上從海上反攻。

日本：「雖然航空母艦沒了，但我們還是有一堆超弩級戰艦！（｀ヘ´≠）」

　　大日本海軍艦隊兵分三路，在雷伊泰海灣夾擊美軍。

　　這場超大型海戰規模前無古人，後無來者，兩軍全部的軍艦加起來噸位超過 200 萬噸。

　　面對人類有史以來最大的戰艦，美軍一開始被打得滿臉是血，沒有反擊的空間，還受到了日本駭人聽聞的「神風」攻擊。

　　也就是直接開飛機來撞爆你，一機換一艦，根本無解。

　　日本：「神風吹起啦！有希望！」

　　但一等到美軍的空母艦隊趕到，數量上絕對的優勢一下就把制空權搶回去，無情地將日軍戰艦一艘一艘沉入海底。

　　曾經稱霸世界的大日本帝國海軍，在雷伊泰被畫下了句點。從此失去海上力量的日本，完全沒有能力阻止美軍的部署、沒辦法反擊，各島嶼的守軍全被孤立，難以獲得補給，只能消極抵抗。

　　距離日本全面敗亡，只是時間上的問題了。

● 知識彈藥庫

神風特攻隊

　　很久很久以前，蒙古人打敗大宋，建立元朝時，曾經兩度發兵侵略日本。

　　結果兩次海上都突然吹起了颱風，把蒙古人的沉到海底餵魚。

　　「這……這一定是神風在保護我們！（（（°Д°）））」

而到了太平洋戰爭後期的失利，日本海軍司令官大西瀧治郎找來了一票不怕死的飛行員，成立了「特別攻擊隊」，用「一機換一艦」的方式，派這些飛行員駕駛飛機去做自殺攻擊。

　一開始效果十分顯著，讓日軍繼續有系統的發展這個戰術，演變成：

　1. 專門開飛機撞船的「神風特攻隊」。

　2. 專門開飛機撞轟炸機的「震天特攻隊」。

　3. 專門開船撞船的「震洋特攻隊」。

　甚至還為了特攻開發專用兵器，像是「櫻花」特攻機、「回天」單人魚雷、「震洋」自爆快艇……等。

　但是這個戰術卻把日軍手上最後的飛行員消耗殆盡，導致再也沒有優秀的飛行員可以上場戰鬥。

　最後，在美軍新型戰鬥機 F4U、F6F 的守備下，加上船艦裝備的新式雷達與 VT 引信防空砲，特攻作戰就很少成功了。

✈ 浴血硫磺島

　　全面收復菲律賓後，配合海上與空母的支援，英軍、中華民國軍也開始反攻，逐步打回馬來亞與緬甸，並在中國大陸上不斷地跟日軍交戰。

　　而美軍也每天從馬里亞納群島不斷地派出轟炸機去轟炸日本本島，但轟炸機卻死傷慘重。

　　美軍將領：「怎麼機隊死傷這麼慘重？o__O)？」

　　美軍：「因為沒有戰鬥機護航！O__Q」

　　為了要讓戰鬥機能護航轟炸機，美軍勢必一定要再占一

個離日本更近的機場！

所以美軍下一個目標，就是再打下硫磺島。

計畫一定案，美軍就派出戰艦與戰機，把整座島炸翻個好幾輪。

但日軍早就像螞蟻一樣，把硫磺島挖了滿滿的地道與戰壕，將整座島改裝成超硬要塞，痛擊搶灘上岸的美軍，激烈的狀況比之前任何一場戰鬥還血腥。

但美軍還是咬著牙拿下硫磺島，並且利用上面的機場照三餐去轟炸日本。

跟以前不一樣的是，這時的轟炸機有人護航了。

✈ 血戰沖繩

幫忙護航的戰機是 P-51 野馬，是那個年代性能最好的戰鬥機。

有了野馬的掩護，B-29 轟炸機肆無忌憚的在日本頭上飛來飛去，一直轟一直轟，但日本還是不願意投降。

「到底為什麼不投降……明明他們已經根本沒機會獲勝了啊？ヽ(｀Д´)ﾉ」

美國人不懂為什麼日軍能不要命地一直打下去。而且一

次比一次狠，狠到人類完全無法理解的程度……

「沖繩已經是日本的國門了，把門踹開後，日本應該就會投降了吧？」

日本一日不投降，戰爭就一日不結束，所以疲累的美軍還是往沖繩進攻。

這時的美軍還不知道，他們的敵人在戰場上的目的已經不是「防守」了……

日軍完全背離常理，把目標改為「玉碎」。也就是戰爭什麼的不重要啦，所有部隊唯一目的只剩下「用生命，以及一切最殘忍的手段，盡可能殺死更多的美國人」。

步兵拉著平民作人肉盾牌，不斷做自殺衝鋒，連世上最大艘的戰艦「大和」都被派出來做自殺攻擊，兩軍血戰 82 天才分出勝負。

本來美軍以為硫磺島已經夠慘了，沒想到沖繩戰役竟然又破了紀錄，日軍與沖繩平民傷亡超過 20 萬人。

美軍也超過 1 萬人死亡，7 萬人受傷，就算活下來的，精神上也受不了日本這種非人類的打法了。

✈ 東京大轟炸

「不能再讓軍隊這樣傷亡下去了……」

頭痛不已的美軍，已經了解不改變戰術不行，美國人生命很寶貴的，不能跟日本人這樣耗。

於是美軍把主要的戰術改成用轟炸的。

自從有了 P51 護航，B-29 已經天天都飛去日本丟炸彈，炸軍事設施、炸工廠，但效果不彰，日本人依舊完全沒有打算投降，還繼續嗆聲。

美國牙一咬，心一橫，反正有了制空權，於是下令轟炸機飛低一點，用燃燒彈直接去炸首都東京……

1945 年 3 月，在夜色的掩護下，超過 300 架的 B29 在東京投下超過 2000 噸的燃燒彈，讓東京陷入一片火海。

東京大空襲可能是人類史上最大規模的空襲，甚至比之後的原子彈還可怕，近 10 萬人燒死、10 萬人重傷、100 萬人無家可歸。

兩個月後，美國繼續向當時日本殖民地的台灣，進行台北大空襲。

「這下日本該投降了吧！」

美國用既期待又怕受傷害的眼神望向日本。

但日本卻還是搖搖頭，繼續嗆美國：

「來啊！有本事就踏上日本啊！這邊還有一億人的玉碎

等你⋯⋯」

美國聽到都快哭了⋯⋯

「這種戰爭誰打得下去啊！(╯ ˋ口ˊ)╯︵┴─┴」

這日本，不管怎麼揍他都不投降，寧願用自己的生命來換取敵人的痛苦，美國從來沒遇過這種的對手。

但是，美國還有王牌，而且還有兩張。

✈ 波茨坦宣言

在 1945 年 5 月，美軍還在沖繩跟日軍對決、英軍努力收復緬甸、國軍正在湘西會戰抗敵的時候，納粹德國投降了。

新上任的杜魯門總統，接手了因病離世的羅斯福總統交付的重擔，肩負帶領盟軍戰勝軸心的使命。

為此，杜魯門馬上聯絡史達林：

「嘿老兄，我們是不是該趕快討論一下怎麼處理德國，以及合力對抗日本啊？」

於是，杜魯門、邱吉爾、史達林三巨頭在柏林西邊的波茨坦招開了代號為「終點」的秘密會議。

會議前半段的時間，都在討論怎麼處置德國，而且談得很不愉快，但在後半段中卻很快取得共識：大家要一起想辦

法逼日本早點投降，愈早結束戰爭，盟軍就愈少人命財產的犧牲。

7月26日，《波茨坦宣言》正式簽署，但史達林說他還沒宣戰，所以事後再補簽名。

內容翻譯成白話文就是：

「日本你趕快給我無條件投降喔，不然我們就把你完全毀滅！(°皿°)ㄨ」

日本一聽，也趕快召開內閣會議：

「欸，怎麼辦啊，盟軍這樣嗆耶！」

「上面有蘇聯的簽名嗎？」

「沒有。」

「那……不理它好了。」

內閣會議有了結論後，發表了「不理波茨坦宣言」的宣言，堅持要戰到最後一兵一卒。

談判破裂，這下美國只好亮出最後一張王牌了……

✈ 曼哈頓計畫

打從戰爭開始，各國科學家便致力於研發更強的毀滅性武器。

在美國，政府集合了無數物理學家與科學家，開始研發原子彈，代號「曼哈頓計畫」。

　　而且在戰爭最後一年，美軍從歐洲救回的許多猶太裔科學家也加入了這個計畫，幫助歐本‧海默博士拼上原子彈的最後一塊拼圖。

　　1945 年 8 月 6 日，一架特別的 B-29 默默地飛到日本工業大城廣島上空投下了一顆炸彈，這炸彈是非常特別的一顆炸彈，他甚至還有名字。

　　他叫做「小男孩」。

　　小男孩在一陣強光之中，瞬間毀滅了廣島這座城市，8 萬人在香菇雲下當場蒸發，10 萬人則是在強力的輻射下痛苦死去，最終死傷人數超過 50 萬人。

　　這次換日本人傻眼，但日本還是不投降。

　　美軍只好再來一次，丟了第二顆原子彈「大胖子」到港口城市長崎。這次丟歪了，不過一樣造成了 7 萬人當場死亡，共 20 萬人陸續死去。

　　「這東西如果再多丟幾顆，我看日本就要從地圖消失了(´;ω;`)」

　　至此，日本人終於受不了了……

✈ 日本最漫長的一天

「我們投降吧！」

「不行！我們要戰到最後一兵一卒！」

儘管面臨被原子彈完全毀滅的威脅，軍部高層還有快一半的人不願意投降。

被原子彈攻擊的隔天，蘇聯宣戰了。

原本想靠著蘇聯當中間人來談判，看能不能簽一份不要太糟的停戰協定，但這個希望在蘇聯參戰後也破滅了。

天皇、首相與眾多大臣都已決定接受《波茨坦宣言》，無條件投降。許多軍人甚至為此打算政變，但最後失敗了。

萬念俱灰的日本，透過瑞典跟瑞士聯絡上了盟軍，盟軍外交人員再三保證：「放心吧，我們不會動天皇，不會害平民，且會讓你們的軍人有尊嚴地回家。」

於是在 1945 年 8 月 15 日，在天皇親自廣播《終戰詔書》後，日本宣布投降，這場「玉音放送」也碎了日本人的心。

過兩個禮拜後，盟國和日本代表在美軍戰艦「密蘇里號」簽下了《降伏文書》。

正式結束了第二次世界大戰。

國共內戰

★ Chapter 3 ★

辛亥革命

╳ 大清走下坡

讲到了「中國」這兩個字，大多數人第一個想到的都是「中華人民共和國」的這個中國。

但其實在一百多年前，「中國」可不是一個正式的國名，而是結合地理與民族、政治與文化的一個概念。

當時正式國名是「大清帝國」，我們現在稱為清朝，而地理上的稱呼則是「支那」。

清國在 1644 年取代了大明，雖然盛極一時，但統治中國兩百多年後，得了大頭症，覺得自己超屌，其它國家都廢物，就不屑跟別人打交道了。

在清國的鎖國政策下，中斷了與其他國家交流的機會，以至於清國不知道歐洲的國家，這時正經歷一連串的啟蒙運動與工業革命，國力扶搖直上，把清國遠遠拋在後頭。

但你把門關起來，門外還是有人會經過。

有些外國商人、傳教士還是很希望能跟清國交流，前者為了做生意，後者則是為了傳教，兩者都很希望清國能夠敞開大門。

但清國態度很差：

「看到皇帝是不會跪下喔？」

「你們這些洋鬼子只想來抱中國大腿撈錢而已。」

「滾！」

不但生意沒談成，還要被清國官員洗臉。

歐洲人最討厭被人看不起，更何況是被國力與文化遠遠落後的國家看不起，整個超火！

於是這些列強國家開始用各種理由來找碴，結果清國政府全部處理得亂七八糟，把小衝突處理成大衝突，大衝突又化為戰爭。

由於科學與觀念技術落後太多了，清國每場戰爭都被打爆，國家變成沙包，每個國家都跑來揍兩下。

清國人每天都很難過，有的人就開始怪罪清國朝廷。

「靠！我們以前中國都是打人的那個，現在給滿人統治後，我們就變成挨打的那個，千錯萬錯一切都是滿人的錯辣！ヽ(｀Д´)ノ」

於是大小民亂四起，每一次都嚴重損耗著清國的國力。

直到1900年，「庚子拳亂」發生，也就是「義和團之亂」，對清國造成了一波毀滅性的打擊……

✕ 義和團之亂

　　義和團本來只是在山東附近一群練拳的阿伯。

　　但是之後走偏了，變成像是斂財邪教一樣的玩意兒，教徒們會用怪力亂神的話術哄騙人民入團。

　　「跟我們一起練拳，就可以打爆洋鬼子了啦！（°∀。）」

　　「真的假的啊？可是……洋人有洋槍洋砲，咱們打不贏啊！」

　　面對大家的質疑，義和團的人說：

　　「只要練拳，經驗值有到，就能升等召喚 SSR 英靈，英靈附體後就刀槍不入了啦！」

　　「喔喔！真的假的！？」

　　「真心不騙！來吧！簽下去！一起來對付洋鬼子報仇！（°∀°）o彡」

　　「喔喔喔喔喔喔，我要簽－－－（°∀°）－－－！」

　　就這樣，義和團的人數愈來愈多，行為也愈來愈囂張，開始在光天化日之下搶劫外國人、綁架外國妞。

　　更夭壽的是，以慈禧太后主導的清國政府，賭爛外國人很久了，更賭爛宮中老是吵著要全面洋化的改革派。

　　剛好義和團打著「扶清滅洋」的口號，慈禧竟然選擇睜一隻眼閉一隻眼，放任拳匪們燒殺擄掠！！以為可以藉此打擊外國勢力跟改革派，卻完全錯估了事情的嚴重性。

畢竟會出現在清國的外國人，不是商人、傳教士就是大使、官員，每個後台都很硬，這些人被殘忍地殺害後，清國不但不把凶手揪出來，竟然還對列強一邊翻白眼，一邊擺出「怪我囉？」的態度，所有列強都氣炸了，怒火燒盡九重天。

　　列強：「清國你們到底在搞什麼鬼啦！快把這些拳匪逮捕啊！`(°皿°#)」

　　清國：「凶屁喔！你厲害你自己來啊！(#`д´)ノ」

　　列強無奈，只好派兵進城救人。

　　慈禧發現各國軍隊自己跑進來後還非常不爽，竟然直接對十一個列強國家宣戰，官方甚至還加入一起殺洋人，全世界都傻眼。

　　於是日、俄、英為首，帶著美、德、法、奧、義，八國聯軍直接殺進北京，狠狠把清國揍一頓，把清國的臉打得跟菠蘿麵包一樣腫，義和團被全數殲滅，清國高官紛紛逃命。

　　最後清國投降，一邊哭，一邊簽下一張《辛丑合約》的超不平等條約後，才回到殘破的紫禁城⋯⋯

　　除了戰爭直接造成的傷害以外，戰前、戰時、戰後清國政府都表現出極度的低能，導致清國人全體被全世界看不起，飽受恥辱與歧視。

　　而也因為軍隊幾乎被殲滅，中央政府也拿之前抗命的部屬束手無策，中央政府的威信蕩然無存。

　　而列強要求的賠償高達 4 億 5 千萬，清國上下要分期付款快 40 年才還得完。

八國聯軍後，許多本來還對清國抱有期望的知識分子們認清了現實：「清國已經爛到沒救了」。從此放棄救國之路，而投身於革命的行列。

革命組織如雨後春筍一樣地出現，雖然一次一次地失敗，但他們深信，有一天，一定可以成功起義，推翻中國兩千年來的封建專制。

很快地，機會來了……

✕ 保路運動

壓垮駱駝的最後一根稻草，是在四川發生的「保路運動」。

當初列強剛開始在清國蓋鐵路的時候，民眾們說：「在土地上亂蓋這鬼東東的話，會破壞風水啦！」而非常抗拒。

但一等鐵路蓋好後，人民才發現鐵路帶來的經濟效益真不是蓋的！

但要用鐵路，就要付錢給外國人，長久來看不是辦法，於是清國也說要蓋自己的鐵路。

蓋鐵路要錢，清國政府卻窮到爆。於是就想讓地方「自己的鐵路自己蓋」，把工程包給當地的企業，再開放各地仕

紳、人民入股。

愛國的人民與愛錢的人民紛紛把錢投入鐵路投資，想說要是鐵路蓋成了，不但能幫國家拚經濟，自己也能賺賺賺……

萬萬沒想到腐敗的清國＋腐敗的企業＝兩倍腐敗，這些包工程的公司只會剪綵作表面功夫，實際的鐵路卻蓋半天蓋不好，耗了好幾年，鐵路連個影子都沒有。

就這樣子拖啊拖，拖到慈禧太后跟光緒皇帝都掛了，中國都還沒有自己的鐵路。

新皇帝溥儀上台，但因為才三歲無法治國，所以先由他爸「載灃」跟他阿姨「隆裕皇太后」代理國政。

載灃找了許多專家學者來開會，最後決定的計畫是：

1. 把這段鐵路收歸國家所有。

2. 把企業發出去的股票全部換成官方的股票。

3. 把鐵路的權利外包給外國人。

4. 用鐵路抵押，順便跟英、法、德、美四個國家貸款。

5. 拿貸款的錢重振國家，拚一波逆風高飛！

聽起來計畫不錯。

豈料，地方官跟包下工程的企業已經把蓋鐵路的錢拿去玩股票賠光光了，沒有錢可以拿出來，想偷偷把這筆虧空爛帳賴到中央政府身上，但中央政府又不肯……

於是，中央跟地方吵架，地方就拉人民一起跟中央吵架，革命黨的人混進去煽動人群，把事情鬧大。

人民包圍了官府一直怒譙：

「賠錢！賠錢！賠錢！賠錢！」

「靠夭，暴民把官府圍起來啦！」

「把他們趕走！快點！ヽ(｀Д´)ノ」

面對憤怒的老百姓，官府竟然選擇開槍鎮壓！

子彈砰砰砰砰地一直射，人民的憤怒也跟著大爆發，四川超級大暴動，連阿伯跟大媽都拿出鋤頭菜刀來跟官府拚命！

四川的清兵不夠鎮壓，政府只好趕緊再從旁邊的省分調兵。誰知道這一調，清國就爆掉了⋯⋯

✕ 武昌起義

「隔壁四川在鬧什麼啊？ o_O？」

看到湖南、湖北一堆清兵都被調去支援鎮壓四川的保路運動，潛伏在武昌的革命黨人蠢蠢欲動。

在湖南，最大的革命組織叫作「文學社」，社長是蔣翊武，表面上看起來是個讀書會，實際上也真的是個讀書會，不過讀的書都是革命的書，成員也都是兩湖新建陸軍的士兵。

而在湖北的代表則是「共進會」，老大是孫武，這一派除了新軍的人以外，還有許多日本回來的留學生。

兩團本來感情不太好，誰也不服誰，但在全國最大革命

組織「同盟會」的第一軍師宋教仁穿針引線下，文學社與共進會開始合作。

原本宋教仁的計畫是：先一步一步滲透新軍，再配合同盟會發動攻勢⋯⋯但現在四川超級大暴動，蔣翊武跟孫武都覺得：「這這這⋯⋯這是天賜良機啊！」

「武兄，咱們中秋節那天同時起義，殺翻韃子！」

「好的武兄，10 月 6 日！一起拿下湖廣總督府！」

然而，計畫才剛定案，隔天南湖砲隊卻發生士兵喝酒打群架的事。

湖廣總督瑞澂一聽到士兵打架的報告，心想：「真的假的，該不會連我這也要鬧暴動了吧！？」

瑞澂覺得怕，馬上下令全城戒嚴，全軍禁假，只差沒發防暴動小卡。

蔣翊武發現這種狀況聯絡不到軍隊裡的弟兄，就對孫武說：「我看這次就先算了，先延個十天看看狀況。」

孫武對此：「好喔。」然後回到漢口俄國租界的秘密基地，心想：「既然多了這麼多天，不然多做幾顆炸彈好了⋯⋯」

結果一個不小心，引發超級大爆炸！

「轟～～～～～～！！」一聲巨響伴隨著火光，孫武被炸飛出去，秘密基地火光四射，熊熊燃燒。

共進會的其他成員趕快跑來搶救孫武，然後在巡捕跟消防隊來之前扛著他趕緊加速逃跑，驚險地逃過清廷的追捕，但⋯⋯這時，孫武發現：

「啊，靠北！」

「怎麼了！？」

「完蛋，文件都沒救出來！」

就這樣，革命黨名單落入了清廷手上，共進會基地隔天馬上被抄，一大堆革命黨人被抓，然後被殺。

蔣翊武知道了後，立刻狂奔到文學社總部召開緊急會議：

「名單外流啦！這下沒有退路了！今天晚上就發難！」

「喔喔喔喔喔喔喔喔喔！」

「馬上聯絡南湖砲隊的弟兄，今晚 12 點整準時開砲！」

「喔喔喔喔喔喔喔喔喔！」

傳訊息的的同志馬上衝入大雨中，奔向南湖砲隊的營地。

時間一分一秒地過去，卻在不到 12 點的時候，文學社大門被清兵一腳踹開，接著就是子彈無情地濫射。

「快逃啊啊啊啊～～～」

文學社被殺個措手不及，死的死，逃的逃……

蔣翊武千鈞一髮逃脫，但幾個重要的幹部都被抓走了。起義的訊息也因時間太晚，根本傳不到新軍裡頭……

蔣翊武與孫武

　　辛亥革命最重要的兩位革命黨領導人分別是蔣翊武與孫武。

　　蔣翊武從 1904 年就結識了華興會二當家宋教仁，開始革命事業，並在 1911 年策畫的武昌起義中擔任總司令，雖然計畫出了錯，文學社被抄，蔣翊武九死一生逃跑成功，但不減眾人對他的敬重，革命成功後也有不錯的官位。

　　但卻在討伐袁世凱的二次革命中被逮捕，死在桂林，29 歲就隕落了。

　　至於孫武，孫武當過兵，去過日本留學，還去了兩次，在 1900 年就開始革命，參加好幾次的起義，對於領兵、戰鬥、製作炸彈都很有一手。

　　雖然因為武昌起義前夕在漢口租界做炸彈時不小心把手上的炸彈連同革命的計畫一起炸了，但誤打誤撞地，武昌起義還是成功了。

　　孫武老是被以為是孫文的弟弟，他本人也懶得否認，靠著沾光，人生雖沒飛黃騰達，但在亂成一團的中華民國裡，也還算得上順遂，最後在北京病逝，享年61歲。

✕ 第一聲槍響

　　10 月 10 日，黎明到了。

　　廣場上的文學社幹部被斬首示眾，革命黨潰不成軍。

　　新建陸軍裡的弟兄卻還在被禁假，絲毫不知道外頭發生了什麼事。

　　「怎麼辦啊？都沒消息。」

　　「聽說名冊已經外流了。」

　　「而且戒嚴中，沒有勤務的人武器要收回去！」

「站哨的一次也只發一顆子彈。」

「真的假的！？一顆子彈是要打屁喔！？」

共進會在新軍工程八營的小隊長熊秉坤，偷偷跟夥伴們交換訊息。

「反正死定了，今天晚上再沒消息，不如我們就見機行事，大幹一場吧！」

「喔喔喔喔喔喔喔！」

眾人忐忑不安地等到了晚上，依舊沒有收到任何消息。

新軍裡的革命人士焦躁不安，情緒緊繃到了極點，但遲遲等不到人開第一槍……

到了8點，工程八營的排長到軍營巡視。

結果看到一個阿兵哥抱著槍在打瞌睡……

長官很兇地巴他頭：「摸什麼魚！？想造反是不是！？」

結果這個兵一聽嚇到，馬上一槍托就往排長臉上尻下去！

原來這個打茫的兵叫金兆龍，他跟鄰兵程定國都是革命黨的人，三人扭打成一團，排長推開他們後快步逃出營帳，這時在一旁的程定國抄起步槍……

「碰！！～～～」

槍響一發，全軍營數百個革命黨人全部彈了起來，拎起步槍，不管有沒有子彈都往外面衝出來，有哨子的人也拿起哨子一直「嗶嗶嗶嗶」地吹……

「革命啦啊啊啊啊～～」

「衝啊啊啊啊啊啊啊～～」

辛亥革命……

因怕革命軍叛變每個哨兵槍內都只裝一顆子彈。

BOOM!

睡

…呃我沒有

都這時候了還能打瞌睡！

碰！

完全是個意外。

上啊啊啊！

我是誰我在哪

驚醒

革命開始喇！

大家衝！

雖然場面超混亂，但大家都知道要先去哪：

「彈藥庫！」

附近其他被革命黨滲透的部隊見狀，紛紛加入革命的行列，就算本來不是革命黨的士兵，看到身邊一票人都是革命黨的人，心裡想：「命比工作重要啦 OAQ）！」只好跟風順便革一下命。

湖廣總督瑞澂眼見場面亂成一團，根本不知道到底誰是敵？誰是友？到底多少人叛變？最後決定先跑再說，讓革命黨一舉拿下了總督府。

「武昌起義」就此成功，「中華民國湖北軍政府」成立。

✕ 擴大戰果

10 月 11 日，革命黨看著鐵血 18 星旗飄揚在總督府上，一邊看日出，一邊沉醉在勝利的喜悅中。

但幾個帶頭的卻相當緊張，這場戰鬥雖然贏了，卻是完全沒有照著計畫走的大意外，別說同盟會三巨頭了，連文學社、共進會的老大都不在，臨時當上總指揮的吳兆麟只是個連長，指揮個一、兩百人就是極限了，所以總督府上下根本沒人有辦法指揮這支 3000 人的部隊，清兵的支援很快就會到，

找不到人指揮的話，到時肯定要被打爆。

「呃，怎麼辦啊，各位？」

「啊！我們可以找黎元洪！他之前抓到我們革命黨的人都偷偷放我們走，搞不好會站到我們這一邊！」

「一定會的！我們開戰的時候，他跟他的兵沒有來阻礙我們，所以一定會幫忙我們的！」

這個黎元洪，是湖北新軍第二十一混成協的老大，之前在袁世凱的軍隊下待過，打過甲午戰爭，能力跟聲望都很高，還是武漢地區官階第三高的。

結果跑到辦公室，找不到人；跑到他家，也找不到人。最後發現他躲到朋友家的桌子下。

「黎都督！黎都督！黎都督！」大夥一邊歡呼，一邊拱他上台。

「別鬧！不要害我啊！造反可是要被殺頭的，你們就革你們的，不要害我啦！」

「不行，非你不可，我們所有發出去的聲明跟公告都用你的名字發的！」

「WTF！（o_O）」

「而且連你的旗子都做好了。」

「快點，弟兄們都在外面等你呢！」

於是一群人架著黎元洪，不管他一邊揮舞手腳，一邊喊著：「別害我啊！賣鬧啊！放我下來！」硬是把他拖到陽台。

眾人一看到黎元洪也開始歡呼：「黎都督！黎都督！黎

都督！」

黎元洪整個眼神死。

但已經回不去了，只好登高一呼！豁出去啦！！

很快地，黎元洪率領革命軍進一步擴大戰果，占領了陽夏地區（漢口、漢陽），拿下武漢三鎮。

✕ 袁世凱重出江湖

武昌起義的成功，震驚了全中國，也震驚了全世界。遠在美國的孫文看到報紙，整個人從椅子上飛起來。

接著一堆穿西裝的人衝進他家：

「孫先生，快看報紙啊！」

「孫先生，您快回國，革命成功了！」

「孫先生，我馬上幫您訂船票！」

孫文一個箭步拎起行李：「快幫我叫黃興回去主持大局！」然後就跳上了船。

清廷則是馬上集結兵力，調來全國最強的「北洋軍」反攻陽夏！

結果沒想到號稱全國最強的北洋軍，部隊都到陽夏附近了，竟然整隊停下來發呆！

「馮國璋！你搞屁啊！為什麼不進攻！！」指揮官廕昌暴跳如雷。

「不行啊，長官，士兵不聽我的話啦！」

「你們北洋軍不是號稱全國最強嗎！！？」

「要是我們老大袁世凱回來，然後欠的薪水拿到手後，也許我們又會變強喔！」

馮國璋跟北洋軍一邊挖鼻孔一邊回。

但廕昌說真的也拿他沒轍，北洋軍由袁世凱一手訓練，是清國最強的部隊，用著德制編隊與武器，幫忙清國度過無數危機，要是一不開心隨時可以把清廷翻掉。

但因為袁世凱曾經幫著慈禧太后，衝康改革派，害光緒皇帝被關起來。又在義和團鬧事的時候公然抗命，明明中央政府下令「協助義和團，幹掉洋鬼子」，結果袁世凱卻反過來保護外國人，把義和團殺光光。

所以載灃一掌權就直接發聖旨說：「袁世凱為國貢獻超多，但現在腳受傷了，皇上決定讓他在家好好養病」。

袁世凱一臉問號，明明他就還活跳跳的，不過聖旨都下來了，只好提前過退休人生，把北洋軍交給愛將馮國璋指揮。

現在身為袁世凱左右手的馮國璋，為了讓他東山再起，故意在陣前擺爛。

清廷別無他法，只好低頭再去請袁世凱回來當湖廣總督。袁世凱一出山，北洋軍馬上進入認真模式，把革命黨打得七葷八素，部隊節節敗退……

革命黨信心整個被擊潰，戰況崩盤，眼見陽夏就要失守，突然一小隊人馬殺入戰場，騎兵揮舞著旗子，所有士兵突然high到最高點！

旗子上寫著三個字：「黃興到」！

原來黃興終於趕到武昌，一肩扛下總司令大責後，重整旗鼓，布下防線，死守漢陽跟漢口。

「革命能不能成功，就看這一戰了！ヽ(｀Д´)ノ」

✕ 陽夏保衛戰

但就算黃興來了，這場仗還是非常不樂觀。

面對全國最強的北洋軍，革命黨只是臨時湊出來的，不但人數少、武器輸更多，更別提對方還有水軍支援。

「各位兄弟！我們一定要守住！！多撐一天是一天！」

「喔喔喔喔喔喔喔喔！！！！」

各地革命組織聽到武昌起義成功，紛紛也發動革命，許多省分一個接一個宣布獨立，所以只要革命黨把北洋軍釘在這裡，清國就沒有辦法阻止其他地方起義。

這場「陽夏保衛戰」打了 40 幾天。

革命黨陸續失去了漢口、漢陽，最後被圍困在武昌，但

外頭 13 個省分接二連三獨立成功。

　　局勢演變成南北對抗，清國在長江以北，革命黨則是控制了長江以南。

　　袁世凱看這樣下去不行，於是停止進攻，開始與革命軍談判。

╳ 辛亥革命

　　然後接下來是孫文的回合了。

　　孫文在美國從報紙上得知武昌起義成功的消息後，馬上跳上了船，前往歐洲。

　　「咦？歐洲？（°Δ°）？」

　　當時大家都搞不懂孫文為什麼不馬上回國領導革命，所以就猜他一定是跑去募款了。

　　但實際上，他是去勸說歐洲的銀行家不要貸款給清國。

　　「你們看看嘛，你們現在要是借錢給清國，清國被我們推翻後，不就沒人還你們錢了嗎！？（#`Д´）ノ」

　　英、美、德、法四國銀行團覺得：「唔，好像有道理」就停止貸款給清國。

　　這一步棋，馬上讓清國陷入財務危機，也給北洋軍一個

再度擺爛的理由，為革命黨爭取了談判的空間。

孫文回到上海的時候，記者馬上圍上來：

「孫先生，孫先生，請問您這次募到了多少錢呢？」

「我這次帶回來的……」孫文雙手舉舉：「只有滿滿的革‧命‧精‧神啦！ └（°∀°）┘」

隨後，同盟會三巨頭會合，中華民國臨時政府在南京正式成立。

但另一方面，南北的談判也陷入僵局。

孫文表示：「廢除皇室，然後民主共和，不然什麼都不用談。」

袁世凱說：「君主立憲，不然什麼都不用談。」

袁世凱不疾不徐，他很清楚主導權掌握在他手上。

他一方面跟清國皇室說：「各位大人，要是你們死不下台的話，萬一被革命黨攻破，恐怕會人頭落地喔！」

一方面跟革命黨說：「各位帥哥，清國跟北洋軍背後有列強的支持，你們要耗就來耗，不過如果你們可以給皇室一點保證的話，我就幫你們勸清帝退位。」

一方面跟列強說：「各位 gentlemen，清國應該輸定了，但是戰爭繼續打下去，你們在中國的生意會受到影響、財產也會有威脅，所以要是你們能幫我勸退清國皇室，早日結束戰爭，大家就能繼續合作賺錢了。」

就這樣，袁世凱斡旋於三方，談判慢慢有了點進展。

但革命黨很著急，革命黨本來就是好幾團不同的人組成，

起義成功後，內部各派系開始爭權，不斷出現摩擦，加上嚴重的財務危機，不能再拖下去了⋯⋯

於是孫文跟宋教仁決定先成立中華民國臨時政府，而且馬上選臨時大總統，孫文高票當選第一任臨時大總統。

袁世凱氣到彈出來。

他本來以為第一任大總統肯定是他袁世凱的囊中物，沒想到孫文竟然來這招，氣都氣死。

然後孫文繼續喊話：「清國皇族們一下台，我們保證不會傷害貴族，還會用尊重、友善、包容的態度，用最高規格對待他們，每個月給他們一大筆零用錢！」

「等等，還沒完！」孫文直接放大絕：「袁世凱！你要是能讓清國皇帝退位，中華民國第一任大總統給你當！」

袁世凱一聽，「唉，好吧，雖然都是第一任，但至少我是正式的，孫文只是臨時的，聽起來還是我比較厲害。」就加快腳步，動用一切關係，終於勸退了攝政王載灃與貴族。

1912 年 2 月 12 日，清宣統帝溥儀發布《遜位詔書》並授權袁世凱組織臨時政府，正式結束了清國 268 年的統治。

中華民國的年代，正式開始。

孫文不在，武昌革命怎麼會算他的？

常常會聽到有人說：「孫中山也是革命失敗了十次，但不屈不撓的精神，讓他在第十一次的揭竿起義中，一舉推翻了滿清，成立中華民國」的勵志小品。

實際上，這十一次的革命他大多不在現場。

武昌起義發生時，他正在國外避風頭，看了報紙才知道起義成功。

但為什麼大家還是推崇他呢？

其實當年最受大家認可的革命領導人是黃興，但黃興卻超推崇孫文，還說過：「我這輩子只認孫中山一人當領袖，其他我全都不認啦！」

就算武昌起義孫文人不在場，革命黨人也是根據孫文的《建國方略》裡的步驟起義的，這本書簡單來說，就是「第一次革命就上手」的攻略本，所以照著攻略破關的革命黨當然超崇拜孫文。

至於他不在國內的原因，說穿了也是因為在黃花崗起義的時候，孫文用信用擔保募得了許多武器，結果卻在最後階段出了差錯，導致武器沒送到革命黨人的手中，黃花崗起義就失敗了，孫文跟著信用掃地，只好先到國外避避風頭。

✕ 革命之後

在此之後，遺憾的，中國並沒有迎來盛世。

孫文很快地就在南京臨時政府宣布辭職，袁世凱同步在北京宣布就任。

由袁世凱主導的中華民國，以五色旗為國旗，這段時期我們後稱「北洋政府」。

但民國由一大堆不同的團體組成，合力完成了共同目標「推翻滿清」後，內部卻開始出現各式各樣的意見分歧，領導們為了權力與利益開始內鬥，戰友反目成仇。

賄賂與貪腐的文化也並沒有因為換了個國名就消失，清末貪腐的風氣還是傳染給民國的官，而且全國人民文盲接近八成，想推什麼新政策都很困難。

將總統之位讓給袁世凱後，孫文就跑去蓋鐵路，黃興跑去做生意，剩下宋教仁留在政界努力，宋教仁將許多團體結合起來，將同盟會改組成國民黨，試圖把總統制改成內閣制，用政黨政治架空袁世凱的權力。

1913 年 2 月，國會選舉後，國民黨得到了最多的席次，本應成為內閣總理的宋教仁卻在此時遭人刺殺。

孫文、黃興怒嗆袁世凱是凶手，並發起了「二次革命」討伐袁世凱，卻被袁世凱打敗，國民黨被強迫解散，內閣的主導權也被袁世凱搶回去。

孫文跟黃興為此大吵一架，「二次革命」後三年黃興就病死了，孫文哭超慘的。

民國持續地財務危機更是最後一擊。

畢竟薪水拖半天都不發下來，任誰都會不爽，導致大小

兵變從沒間斷。

更慘的是，第一次世界大戰馬上在 1914 年開打，日本直接派兵硬上德國在中國的租界，上完後還賴著不走，順勢凹了中華民國一筆。

袁世凱最後覺得中國人的民主素質還不夠，應該還是要有個皇帝才管得動，就乾脆廢除共和，把「中華民國」改成「中華帝國」，自己當皇帝。

結果大家都不支持，鬧到最後眾叛親離，黯然下台，沒多久就病死了。

曾經是全中國第一強者，卻因為最後一步走錯，後世被黑得一塌糊塗。

袁世凱倒下後，各省分各自為政，民國分崩離析，中國進入軍閥割據時代。

而戰亂，彷彿沒有終點似地持續著……

誰殺了宋教仁

　　宋教仁的死，可以說是民國初年最令人惋惜的悲劇。

　　要是他沒死，整個國家的命運想必就不一樣了，而且一定是好的不一樣法。

　　雖然當時的證據指出凶手就是袁世凱，但愈來愈多學者認為這個命案疑點重重，策畫人應桂馨以及槍手武士英都在案發後沒多久離奇死亡。

　　尤其是近年幫袁世凱翻案的研究愈來愈多，以袁世凱的能力、與宋教仁的交情以及當時的時局來判斷，凶手是袁世凱的可能性愈來愈小。

第一次國共內戰

✕ 二十一條要求

西元 1914 年，第一次世界大戰一開打，中國馬上陷入很尷尬的狀態。

中國雖然沒有成為任何一國的殖民地，但長久以來外交與戰爭上的失利，使得中國有一堆不同國家的租界，不同的勢力範圍牽扯著各種利益。

為了不被波及，北洋政府馬上表明：「我們中國保持中立，請各位不要相害。」

但是日本卻在這個時候派出了軍隊，在說了：「我們要幫忙把德國趕走！」之後，就把德國在青島與山東的租界占領，然後就不走了。

日本：「別怕，我們是來交朋友的。」

中國：「o＿O」

日本：「這裡還有一份文件，上面有二十一條加深中日

友誼的方法喔 ^_^」

袁世凱認真看了看日本提出來的二十一條要求，嘩！不得了，這二十一條要求一答應，中國幾乎等於成為日本殖民地了嘛！

袁世凱故意把日本的要求洩漏出去，引起國內外輿論的反彈。

美國：「日本！怎麼可以趁人之危呢！」

日本：「唔……那個……裡面有些只是我們『希望』中國可以配合，不是強迫啦！」

日本一開始還以為沒戲了，但列強都在處理歐洲的大戰，沒空理中國，所以日本沒有收回二十一條要求，只是把某幾條侵略性太強的部分換掉。

袁世凱也知道列強不幫忙，中國不可能打贏日本，反正修改過的條文沒這麼扯了，就接受了新的這份《民四條約》。

「這實在是太喪權辱國啦！我不能接受！」這時，一位名叫陳獨秀的青年發出了怒吼，創辦了《新青年》雜誌，大力批判政府、舊文化、舊觀念，認為民主跟科學才是王道。

接著不到一年的時間，袁世凱稱帝，下台，病逝。

新上台的總統黎元洪，馬上跟國務總理段祺瑞大吵一架，段祺瑞認為：「協約國看起來會贏，我們趕快參戰就能當戰勝國，提升國際聲望！」

不料，黎元洪卻回他：「不行，戰爭可是很嚴重的事，你這樣決定太草率了，我們再觀望一下。」

這場總統與總理的爭執，被稱為「府院之爭」。最後總理吵贏了總統，中國還是參戰了，派了 14 萬工兵去歐洲幫忙挖戰壕、搬彈藥，有些還被捲入俄國紅白內戰。

隔年，戰爭結束，協約國獲勝，中國人開心地歡呼：

「爽啦！終於打贏一場戰爭了！(°∀°)」

老百姓本來以為中國可以藉由這次戰爭，回復國際地位，廢除不平等條約，尤其是之前答應日本的二十一條要求。

結果戰勝國卻潑一桶冷水：「日本的貢獻比你們多欸！」不但沒撤銷二十一條要求，還把德國本來占據的山東全部送給日本。

中國：「搞什麼鬼，我是戰勝國，卻要我割地！？ʊ_ʊ??」

不能接受的中國，拒簽《凡爾賽條約》，全國上下更是爆發超大規模的社會運動，幾乎全國青年都上街抗議了。

「外爭主權！內除國賊！(#`Д´)ノ (#`Д´)ノ (#`Д´)ノ」

這場「五四運動」鬧得轟轟烈烈，規模盛況空前，學生還跑去砸官邸，更催生出了兩個改變中國未來的團體：

一個是孫文將中華革命黨改組而成的「中國國民黨」。

一個是陳獨秀成立的「中國共產黨」。

● 知識彈藥庫

WW1 下的中國

第一次世界大戰的中國，雖然趕上戰爭的尾巴，加入了協約國，但是並沒有參與戰鬥，而是派出了 14 萬名工人，到歐洲幫忙挖戰壕、蓋房子、埋屍體。

戰爭結束後，雖然在《凡爾賽條約》中沒獲得極大的利益，就連本來德國占領的青島也要不回來，但其實中國還是有點好處，分別是：

1. 拿到一筆賠款。
2. 拿回青島以外的德、奧租界。
3. A 到了德國的一些船與設備。
4. 庚子賠款可以少賠一點，德國、奧匈的兩份不用賠了，等於打八折。
5. 提升了一點地位，關稅也可以公平一點。

說真的，對於當時的中國而言，已經是外交上非常了不起的成就了。

軍閥割據與第一次國共合作

1916 年，袁世凱突然就過世了，最大尾的一倒下，下面的人馬上開始爭權奪利，中國碎成一塊一塊的，雖然名義上還是聽從中央政府的領導，但實際上權力被掌握軍權的軍閥各自把持，而軍閥們私下結盟，形成了四大勢力：北洋、滇系、粵系、桂系。

經過數年的混戰以後，中國國民黨崛起，中國的勢力範圍分成五塊：中國國民黨（經民國 6 年護法運動以後成立的廣州政府）、中國共產黨、新桂系、直系、奉系。

中國國民黨的前身是同盟會。

在以前甲午戰爭結束時，大清整個沒救，有些人就決定要推翻滿清，仿效列強的制度，建立一個好棒棒的國家。

整個國內出現幾十個革命團體，到處跟官方作對，讓本

來就已經很腐敗的清國變得更亂。

其中有一團特別厲害的，是由孫文領導的同盟會。

孫文本來不是最厲害的，但有另外兩個 boss 級的狠角色找他合作。一個是很會打架的黃興，另一個是擅長運籌帷幄的宋教仁。

三個人加上日本地下黑衣人組織的幫助下，凝聚了全國大部分的革命黨，終於推翻清國，建立了中華民國。

革命戰爭結束，百姓們以為：「仗好不容易打完，這下可以過好日子了吧。」

太天真了！

民國初年前景的確是一片看好，但是很快地，政府就因為之前借了太多錢，財務出現問題。而且政府運作都還沒跟上腳步，即將成為總理的宋教仁就遭到暗殺，而種種證據顯示：凶手就是袁世凱！

憤怒的孫文馬上召集人馬，發動二次革命，要把袁世凱幹掉，結果打輸。黃興沒多久也病死了，孫文流亡日本，非常落魄，難受想哭。

「可……可惡，難道民主的中國就只是一場夢嗎……（´；ω；`）」

就在這時，一個神秘黑衣人組織出現在失意的孫文面前。

「你聽過社會主義嗎？」

「我只推薦好東西，但你不要有壓力，聽聽就好，不買也沒關係。」

「幫自己一把，給自己一個實現夢想的機會。」

這神秘組織就是蘇聯的「共產國際」。

孫文認為，會鬥輸袁世凱，主要還是因為自己沒有軍隊，就算袁世凱死了，沒有兵力的他，一樣沒辦法在軍閥大亂鬥的局面中造成影響……可是現在共產黨不但願意提供資金、提供武器，甚至還願意幫忙孫文訓練自己的軍隊。

孫文：「這波賺！」

反正三民主義某方面跟社會主義滿像的，於是孫文決定跟共產黨開始合作。

這就是第一次國共合作。

✕ 第一次北伐與寧漢分裂

孫文配合蘇聯顧問，找了心腹愛將蔣介石當軍校校長。

很快就訓練出一支勁旅，國民黨浴火重生！並在軍閥割據的局面中發展出強大的勢力，正準備往北挑戰其他軍閥，一口氣統一中國。

但是孫文卻在這個時候生病死掉了。

「革命尚未成功，同志仍須努力……」

留下這樣的遺言後，中華民國的國父、中華人民共和國

革命的先行者就離開了人世。

孫文當時的接班人，是集才華與帥氣於一身的汪兆銘。

但很快的，一場「中山艦事件」扭轉局勢，汪兆銘去職，蔣介石成為國民黨第一把交椅。蔣介石率領國民黨的國民革命軍，發動第一次的北伐，利用軍閥間的矛盾，各個擊破。

第一次北伐打到東北的時候，因為奉系軍閥有日本撐腰，很強，所以蔣介石決定先停止攻勢，改天再繼續打。

而在準備第二次北伐的這段期間，蔣介石注意到共產黨黨員的勢力也在不斷成長。

蔣介石：「共產黨黨員會不會太多了啊！？」

看到黨內有愈來愈多共產黨，而且老是在鬥爭與罷工實在很煩，蔣介石認為應該要除掉他們。

但汪兆銘說：「這跟孫文老大生前理念不符啊，能不能用和平的方式解決？」

蔣介石不鳥他，開始派兵攻擊共產黨人士。

共產黨員：「介石不要！」

蔣介石：「聽話！讓我幹掉！」

於是在上海的共產黨人士被血洗，死的死，逃的逃。

汪兆銘卻在這時表示：「不行，我覺得不

行……」

隨後團結留下的人員與共產黨員，在武漢建立了「國民政府」來抵制蔣介石。蔣介石很生氣，也在南京成立另一個「國民政府」來打對臺。

這就是在 1927 年發生的「清黨」與「寧漢分裂」。

✕ 東北易幟與西安事變

寧漢分裂沒多久，汪兆銘也被共產黨一直抗議跟罷工弄得很煩，重回南京蔣介石的懷抱，手牽手一起排擠共產黨。

既然國民黨又合體了，稱為「寧漢合流」，武漢政府併入南京政府，一起繼續未完成的北伐。

結果打一半，奉系老大張作霖卻跟幫他撐腰的日本人吵起來，憤怒的日本人轟殺了不聽話的張作霖！

「皇姑屯事件」讓張作霖的兒子張學良跟日本梁子這下結大了，一氣之下全軍歸順國民黨。

國民黨：「搞定！統一中國啦！(°∀°)」

共產黨：「你確定？(°∀°)」

原來被排擠的共產黨員偷偷跑到鄉下建立勢力，成立了各個「蘇區」（蘇維埃政權）捲土重來，還在南昌發動革命！

蔣介石氣個半死，馬上派兵鎮壓。共產黨紅軍兵敗如山倒，眼看就快要全軍覆沒的一刻……日本關東軍在這時突擊了中國東北的滿洲！

駐守東北的張學良，看到突然跑出一堆日本軍隊時非常傻眼，趕快聯絡蔣介石：「不好了！老大，日本攻來了！」

蔣介石回他：「還不可以跟日本打起來！現況還不能打，攘外必先安內，我們先打共產黨！」

紅軍山窮水盡，剩沒多少活人，部隊各自逃竄。

其中有一支紅軍部隊的老大毛澤東一邊游擊，一邊建立據點，集結了僅存的十萬人，突破國民黨的封鎖……

紅軍：「老大，我們要逃去哪？」

毛澤東：「什麼逃！要說我們去打日本！」

於是，紅軍一邊被國民黨追殺，一邊面對惡劣天氣與地形，在毫無資源的情況下徒步走了一萬多公里。

沿路還一直宣傳：「國民黨有夠可惡，日本人都來了還顧著內鬥殺自己人。」「我們共產黨就算被國民黨搞，也要去對付中國外敵，大家快加入我們。」

結果還真的被他們成功了！

紅軍翻過大雪山，往北一路走到了延安，開始在滿洲國邊重新組織農村勢力。

而這段大逃亡，被神化成史詩級的二萬五千里長征，奠定了毛澤東在共產黨的領導地位。

同時，宣傳戰也影響了張學良。

東北老家被占領的張學良認為國難當前，國民黨應該停止剿共，一同抗日才對。

而共產黨的大咖，像是毛澤東、周恩來、彭德懷與朱德等人都一直想辦法拉攏張學良：「少帥，現在正是關鍵的時刻，我們願意聽從東北軍指揮一同抗日。」

張學良也馬上去勸蔣介石：「老大，我們應該組織全國的統一抗日陣線。」

但怎麼勸都無效。

張學良最後下了決心，牙關一咬：「豁出去了！」聯合自己的部下發動兵諫，綁架蔣介石，逼他答應跟共產黨合作抗日……

經過了十幾天各路人馬不斷地苦言相勸，甚至還把老蔣的老婆宋美齡從國外請回來，終於在 1936 年的聖誕節，也就是日軍侵略的第五年，蔣介石同意停止內戰，聯手抗日。

這就是改寫中國歷史的「西安事變」。

水火不容的國共也開始了第二次合作。

第二次國共內戰

✕ 抗日戰爭

開始抗日沒多久，日本與中國開始了全面戰爭。

日本原以為中國軍很廢，想說可以速戰速決，卻萬萬沒想到蔣介石從北伐完成後，就請了德國大咖，被稱為「德意志國防軍之父」的馮・塞克特來當顧問，編制、裝備與戰術全面升級過，實力雖不及日本，但一樣能讓日軍的侵略十分困難。

日本：「沒關係，我有航空母艦，我超強！」

憑著海空優勢，日本照樣拿下了中國沿海各個大城市。

但占領了這些城市後，日本卻發現明明侵略成功，卻沒賺到什麼錢，整個中國這麼大，

產值竟然只跟比利時差不多。

日本：「虧大了 O＿Q」

虧錢就算了，這時還發生跌破全世界眼鏡的事！

蔣介石竟然在上海一帶用最精銳的部隊反打一波，日本差點輸掉！

日本生氣地追上去想先消滅國軍，在南京跟國軍大打出手，混亂的戰況造成非常大量的平民死亡。

本來入侵中國成立滿洲國這一件事，就已經害日本被國際排擠了，現在還在南京殺了這麼多老百姓，各國開始不跟日本做生意了，讓日本資源愈來愈吃緊……

日本本來就是因為沒錢、沒資源才跑來侵略中國，結果花了一堆軍費、死了一堆軍人，卻不但賺不到錢，這下連資源都買不到了，超不划算……

日本：「我要的只有你們承認滿洲國，然後叫我一聲大哥，一起防禦蘇聯，就這三件事，有這麼困難嗎？」

中國：「但我要的是你滾！」

不談和也不投降的國民政府，利用廣大的腹地消耗日本。

而共產黨的紅軍在國府軍的指揮下，被改編成「八路軍」（又稱新四軍），在東北的「敵後陣線」打游擊戰。

但因為東北都是日本人的勢力範圍，所以國民黨也管不太到，國共基本上是各抗各的，「七分發展，二分應付、一分抗日」是八路軍抗日的基本策略，有時候還會互相陷害一下，而捅出最大的婁子就是「新四軍事件」。

而日本這時也從國民黨高層把汪兆銘挖角過來，扶植他成立另一個國民政府，打算用中國人對付中國人。

　　只是之後日本卻走錯日本史上最糟糕的一步：偷襲美國。

　　憤怒的美國加入了戰局後，中國正式成為第二次世界大戰的一個戰區，並有了美軍協助，國府軍開始漸漸地能跟日本打個五五波。

　　雖然輸多贏少，但很確實地把百萬日軍釘在中國，害日本在太平洋嚴重人手不足。

◎知識彈藥庫

德制師

　　在第一次世界大戰結束後，德國陷入萬劫不復的狀況。但在一位名為漢斯‧馮‧賽克特的努力下，德國再次建立了一支強大的軍隊。

　　這樣一個傳奇的軍官，由於中華民國在 1933 年的時候跟德國關係很不錯，所以被國軍請來當顧問，然後幫忙國軍改良戰術與裝備，甚至在抗戰初期的時候，還幫忙擬定戰略。

　　可惜的是，隨著日本與德國的同盟，賽克特與其他德國顧問都被召回，不過離開中國的德國人，並沒有洩漏任何軍情給盟國日本。

　　蔣介石把手上最精良的德制師統統砸在淞滬會戰，雖然精銳盡失，但換來了許多軍閥對蔣的信賴，團結了統一抗日陣線。

南京事件

　　南京事件又稱為南京大屠殺，可能是中國近代史上數一數二的爭議事件。

　　對於南京大屠殺的研究有很多，故事版本也很多，數據相差十萬八千里，甚至還有認為南京大屠殺不存在的學者。

　　當時，在淞滬被奇襲的日軍死傷慘重，苦戰三個月後才突破僵局，擊潰中國的

守軍。這群日軍死了很多同伴，非常憤怒，追上去想殲滅南京的國府軍，但因為跑太快了，補給跟不上，上頭只好命令「就地徵收吧」。

就地徵收翻譯成白話就是「你自己想辦法去搶」。搶劫完，為了不讓天皇蒙羞，還要記得湮滅證據，也就是殺人滅口。

這支日軍在多次就地徵收後，漸漸地陷入瘋狂，罪惡感都麻痺了。

南京這邊，撤退的國府軍士氣低落，但指揮官跟蔣介石拍胸脯保證一定會守住南京，還下令把船隻摧毀，陣前逃亡的將士一律就地處決。

結果一開打，國府軍就潰散，指揮官也跑了，撤退命令沒有確實下達，無數國府軍死於自己人的槍口。

往前衝會被日軍殺、往後退被自己人殺，走投無路的國府軍只好脫下便衣躲進民宅，裝成平民。

日軍分不出來到底誰是真平民、誰是假平民，乾脆全部殺光。

最後，南京遭到日軍姦淫擄掠連續六個禮拜，在東京大審判的調查中，至少有20萬人在這場戰役中罹難。

╳ 開羅宣言與波茨坦宣言

1943 年底，美國在太平洋開始不斷獲勝，歐洲、北非也開始反攻了。

為了一舉擊垮軸心國，有必要確實討論一下聯合作戰的計畫，美國於是邀請了邱吉爾跟史達林：

美國：「咱們三巨頭是不是該開個會？」

英、蘇：「好喔。」

中國：「我呢？σ(´•ω•`)」

英、蘇：「呃……好吧，我們『四強』來開個會。」

蘇聯：「等等，我檯面上跟日本有簽約，我跟中國不要見面比較好。」

於是，英國的邱吉爾、美國的羅斯福、中國的蔣介石，就改到埃及的開羅先開個會前會。

跟中國有關的部分大概是：

1. 中國配合美國的太平洋攻勢。

2. 中國要在緬甸跟英國合作。

3. 日本要把 1914 年開始侵占的土地（加台灣與澎湖）全部還中國。

4. 打完後要幫助韓國獨立。

但因為英國強力反對孟加拉與緬甸的作戰，加上史達林沒有參與到，所以這場會議沒簽下任何文件。

直到過幾天，美、英、蘇在德蘭黑的會議結束後，這份《開羅宣言》才發表。

接著又打了好幾場戰役後，時間來到了 1945 年。

義大利與納粹德國相繼倒下，軸心國剩下日本頑強抵抗。

同盟軍的領導人在德國波茨坦又開了一次會，討論戰後處置跟太平洋戰爭怎麼收尾。

這時羅斯福病逝，杜魯門上台；邱吉爾選輸，艾德禮上台；蘇聯還是史達林。

參加的人不同了，結果也很不同，波茨坦會議因為牽扯太多利益分配的問題，所以開得很不愉快，英、美、蘇關係

出現裂痕。

不過還是勉強有了些共識，各國會議結束後，發表了《波茨坦宣言》。

簡單說就是要日本趕快投降，然後照著《開羅宣言》的內容把搶來的東西吐出來。

日本：「我拒絕！ơ_ơ」

美國：「我拒絕你的拒絕（#`Д´）ノ！」

語畢，美國就丟了兩顆原子彈到日本頭上。

看到廣島跟長崎兩個城市瞬間被蒸發掉，還收到蘇聯背棄了《日蘇互不侵犯條約》，開始進攻朝鮮的消息。

日本覺得沒救，只好舉起白旗投降。

✕ 國共烽火再起

日本一投降，整個亞洲陷入一片超級大混亂，國共開始了一場「搶日軍物資」大賽。

這場劫收大戰對國民黨非常不利，因為遷到重慶的國民政府要跑很遠才收得到物資，但在東北的共產黨只要走出門口就可以開始收了，蘇聯還來幫忙共軍搶。

國府軍只好趕快對日軍喊話。

國府軍：「日本的朋友，戰場上的種種行為大家都是身不由己，我們將以德報怨，不再計較。」

日軍：「真的嗎？」

國府軍：「但是你們不可以對共產黨投降，不可以把任何物資交給共產黨！」

日軍：「好喔……（´• ω •`）」

雖然日軍答應了國府軍的要求，也很努力地抵抗蘇聯與共產黨的攻勢，但最後還是一大堆東西被共軍接收走。

國共也因為這一系列的搶物資過程再次吵架，產生了一堆衝突。

蘇聯努力地看戲，美國很努力地調停，但赫爾利與馬歇爾相繼被氣走，「重慶會談」與「政治協商會議」破局，最後還是沒辦法阻止國共的決裂。

1946 年 3 月，國軍對共軍的華北、華中展開全面攻擊。第二次國共內戰就此開打……

開戰前，國府軍總人數有 430 萬，還有美軍給的武器、戰車跟飛機。

共軍在抗戰期間不斷地從農村吸收力量，湊出了 120 萬人，不過只有一堆莫名其妙的步槍可以用。

戰鬥初期，毛澤東下令共軍避免正面衝突，以游擊戰為主，同時進行宣傳戰與焦土戰，並且持續地在鄉村實行土地改革，將地主的地分給農民，然後吸收更多的農民加入。

國府軍勢如破竹，一年左右的時間就把共軍占領的城市

打回來，甚至連共產黨大本營延安都打下來了。

國府軍：「GG！」

共軍：「你才GG！陷阱卡發動！（#`Д´）ノ」

就在這個國府軍以為可以消滅掉共產黨的瞬間，共產黨突然一個颯爽轉身，並改版成「人民解放軍」，然後開始全面反攻！

國府軍兵敗如山倒。

國府軍：「為……為什麼！？（（（°Д°;）））」

原來解放軍不論是戰前、戰後一直忙著農村的土地改革。配合長時間的宣傳戰，再次營造出「解放軍是為了人民而戰」「國民政府軍只是蔣介石的私人軍隊，為了爭奪權力對自己人動武」的形象。

中國已經打了十幾年仗了，大家都對戰爭感到很厭煩……

以前打的是日本人，有愛國情緒在撐；但現在打的是自己人，大家根本打不下去。百姓又是失業又是餓肚子的，看到發動內戰的國民黨就不爽。

國府軍看似一直贏一直贏，其實已經處於「鄉村包圍城市」的情況。

✕ 戰局逆轉

面對解放軍全面反攻。國府軍一開始也沒有很怕，畢竟人數還是壓倒性的多。

這時，解放軍發動了第二張陷阱卡！讓國府軍再次全面敗陣。

國民黨：「為……為什麼！？（（（°Д°;）））」

原來國府軍的兵都是四面八方徵來的，卻因為上級的權力鬥爭而被派到異鄉作戰，空虛寂寞覺得冷。而且蔣介石疑心病重，總是喜歡把同派系的打散，只重用自己嫡系的人。

但解放軍則幾乎都是北方人，軍官把同鄉的或是同家族的人編在一塊，讓他們為了家園而戰，打起仗來同仇敵愾，贏一起贏，死一起死。

士氣遠比人數重要，國府軍又吞了好幾場敗仗。

國府軍：「可惡，沒關係！我還有裝備優勢！」

解放軍：「翻開陷阱卡～速攻魔法發動！ヽ（｀Д´）ノ」

解放軍拿出大聲公開始喊：「蔣軍的弟兄們，只要投降繳械，不但不殺、不問罪，還請你們吃大餐，讓你回老家看家人喔！」

這一招一出，效果拔群，超爆幹有效！

國府軍前仆後繼地投共，甚至有整個師帶著武器裝備直接投降。

國府軍：「可惡，我們先回家重整旗鼓！」

但是就算回到自己的地盤，國民政府一樣不斷地失血，因為社會秩序已開始崩盤。

之前國民政府拉攏日軍、配合偽軍的劫收吃相太過難看。

抗戰時每天都在罵「日本狗！」「漢奸！」結果抗戰完馬上跟這些人握握手當好朋友，一起搶物資。通貨膨脹得亂七八糟，銀行天天都在擠兌。政府說要用金元券穩定經濟，結果卻坑殺掉中產階級所有財產。

此時的中國官商勾結、貪汙舞弊，民不聊生……知識分子帶著人民上街抗議，卻被子彈鎮壓，導致本來沒有解放軍的地方也變成支持解放軍了。

「反正再糟也不可能比現在糟，換人做做看，看會不會比較好。」

✕ 中華人民共和國成立

短短不到一年時間，解放軍就收回所有丟掉的地方，並在「遼瀋會戰」「徐蚌會戰」「平津會戰」三大戰役後，情勢完全逆轉，長江以北完全被解放軍掌控。

蔣介石不得已，只好開始跟中共談和。

但解放軍現在是順風場，姿態很高，開出的條件蔣介石不能接受。

　　蔣介石袖子一揮「不談了！不談了！」就宣布退位，把全部的事情丟給副總統李宗仁。

　　可是因為中華民國當時是以黨領政。蔣介石退的位是總統，但還是國民黨的主席，李宗仁根本沒有實權。

　　李宗仁：「老蔣，你陰我！（#`皿´）」

　　談判很快就破裂。

　　4月21日，解放軍渡過長江，接著不到三天，就拿下了南京。

　　最後的幾個月，共軍想打哪就打哪，有時甚至不需要動武，目標城市就會自己政變，然後開城迎接解放軍。

　　李宗仁覺得很幹。

　　雖然想往西南繼續退守，但物資都被蔣介石偷偷地搬到台灣了……

　　不論是外鬥還是內鬥都居於劣勢的李宗仁政府只能一直退、一直退……退到最後覺得情勢扳不回來，李宗仁乾脆說自己胃痛要看醫生，跑去美國就不回來了。

　　1949年10月1日，解放軍在北京人民的掌聲與歡呼下，成立了中華人民共和國，並把這天定為十一國慶節。

中華民國則是一路從南京退到廣州,再從廣州退到重慶,接著再往西一點到成都。

最後,來到了台灣……

╳ 中華民國在台灣

中國跟台灣發生的這一切,美國都偷偷地看著。

從二戰開始,美國就不斷地援助蔣介石,為的就是將來二戰獲勝時,在中國有個親美政權,未來可以從中華民國取得經濟與軍事上的好處。可是沒想到國共問題會鬧成這樣……

當初美國支持蔣介石,而蘇聯支持毛澤東的情況,是戰況升溫的原因之一。

美國就心想:「那不然我就跟蘇聯一起撤軍,讓國共自己打,蔣介石兵力多三倍,總不可能輸吧?」結果國民黨輸得一敗塗地。

美國心中超幹,好像不管砸多少錢、多少裝備給國民黨,最後不是莫名其妙地不見,就是跑到共產陣營那邊……

就算美國想找個人來取代蔣介石……但又找不到適合的人選,就這樣被套牢十幾年。

現在老蔣在國共戰爭面臨重大挫敗,讓美國在中國的投

資可能化為烏有。

　　加上看到老蔣開始把物資大批大批地搬到台灣，美國頭更痛了，雖然當初《波茨坦宣言》已經說好要把台灣還給中國，但正式的條約還沒簽，台灣還算是日本領地，而且已經被國民黨管得亂七八糟了。現在丟掉中國大陸後，竟然想直接把中華民國搬過來，這顯而易見一定衍生出很多問題的。

　　美國超煩惱。

　　「本來我想說要把台灣還給中國，但那個中國應該是很強很大的那個中國，不應該是這個貪腐又只會吃敗仗的中國啊……更何況現在大陸上那個共產黨政權也叫自己是中國……」

　　「我要是用《聯合國憲章》來讓台灣民族自決，等於放任蔣介石政權被殲滅，我的投資會血本無歸……」

　　就這樣，美國在各種矛盾，又找不到更好的辦法下……只能做幾個備案，默默地讓蔣介石把中華民國搬到台灣，看怎樣再見機行事。

　　結果國民黨到了台灣，表現遠比在中國大陸那時好很多。

　　大致上原因如下：

　　1.從中國運來大量黃金，支撐了前幾年的政府運作。

　　2.台灣人民教育較普及，素質較高，讓政策推行順利。

　　3.日本人留下大量基礎建設、資料跟數據，讓政府的體質改善很多。

　　4.滯台日人提供技術與軍事的訓練。

　　而且，台灣小得多，相對好管理。

社會主義思想也還沒在此萌芽，所以清鄉一輪後，也沒有人再帶頭反抗。

最最最重要的是：韓戰在這時開打了……

如果說「西安事變」是拯救共產黨的救命繩，那拯救國民黨的就是「韓戰」。

因為韓戰的原因，美國改變策略，正式將台灣列入防堵共產勢力擴張的島鍊。並且將艦隊開到台灣海峽中間，強勢中止了解放軍跟國軍的戰鬥。

知識彈藥庫

台灣主權爭議

因為不同的時空造成的複雜時局變化，讓台灣土地上的人民一直飽受身分認同問題。

到了現在，台灣的主權問題依舊在「中華人民共和國」「中華民國」「台灣」各個不同的勢力間拉扯。

中國認為：台灣是中國的，中華人民共和國才是中國。

中華民國認為：台灣是中國的，中華民國才是中國。

但愈來愈多台灣的人民開始有了不同的認定，像是：

中華民國就是台灣，台灣不是中國的。

以及：

中華民國是中華民國，中華人民共和國才是中國，台灣是台灣，台灣尚未建國。

目前來看，這問題非常難解，原因如下：

1. 不管哪個說法都能找到可以施力的依據。

2. 讓台灣保持這種曖昧關係，對美國好處最多，所以美國故意不把話講死。

3. 中國為了取得台灣的領土，用武力威脅中華民國不能修憲、不能獨立。

✕ 舊金山和約

　　各國在韓戰剛開始一年後的 1951 年，在舊金山籌備了《對日和平條約》，由日本跟被日本影響的 49 個國家一起出席，把戰後處置用白紙黑字說清楚講明白。

　　同時，也代表日本將結束七年來被美國代管的日子，回復成一個正常國家。但尷尬的是，國共還沒打出勝負，「中國」代表權有爭議。

　　日本就在跟台灣有關的條款寫著：

　　「日本政府放棄台灣、澎湖等島嶼的一切權利、權利名義與要求。」

　　雖然寫得不清不楚的，但在那個時候，世界局勢是「民主 vs. 共產」，基本上也等於「美國 vs. 蘇聯」。

　　對美國來說，故意讓太平洋這些島嶼保持曖昧不明的情況，不管未來時局怎麼變化，都讓美國進可攻、退可守，做出最符合美國利益的政策。

　　而且就算要把話講清楚，以前《開羅宣言》說過「要把台灣還給中國」，而在台灣上面的中華民國，是民主陣營所認定「唯一合法的中國政府」，所以這樣寫倒也沒什麼問題。

　　為了避免韓戰節外生枝，美國這時簽署了《中美共同防禦條約》，將台灣列入防堵共產勢力擴張的前線基地，把艦隊開過來，同時阻止了共軍解放台灣，或是國軍反攻大陸的

可能性，第二次國共內戰表面上到此結束。

但中共有事沒事就會射個幾砲打金門，提醒大家：「安安，我們內戰還沒打完喔！」

直到 1969 年，中共跟蘇聯吵架了！

美國馬上把握這個機會拉攏中共，畢竟要是少了中國這一大塊，蘇聯的勢力馬上削弱超多！

不過拉攏中共的條件，就是美國要承認中共是「合法的中國政權」。

美國：「很好，這下只要叫中華民國改名成台灣或隨便什麼的，一切就搞定了。」

中華民國：「我不要⋯⋯（´；ω；`）」

美國：「你乖啦，不然大家很難辦事。」

中華民國：「我不要！我不要！我不要！我不要！我不要！我不要！」

美國兩手一攤，眼前對付蘇聯比什麼都還重要，既然中華民國不配合，那就算了。

1979 年，美國正式與中華人民共和國建交，這世界的「中國」變成了中華人民共和國。

中華民國：「我才是中國 >_<，你們要是不承認我，那就絕交好了！」

結果大家就都跟中華民國絕交了，還把中華民國踢出了聯合國。

世界各國跟隨著美國的腳步，陸續跟中華民國斷交，改

為承認中華人民共和國。中華民國不斷被邊緣化，並被中共打壓。

隨著時空不斷地變化，台海問題依舊深深困擾著兩岸人民，統、獨與維持現狀的議題，也成為網路上吵架率100％的話題，但一直到2017年的現在，兩岸都沒有軍事上的衝突，也沒有在主權與領土的問題上進行談判。希望不久的將來，兩岸能用雙贏的結局，用智慧解決國共內戰。

◉知識彈藥庫

八二三砲戰

當美國還在越南打仗的時候，中共跟蘇聯的摩擦也愈來愈大。

由於美國當初簽的《中美共同防禦條約》只有說要保護台灣跟澎湖，沒有提到金門。

所以毛澤東就趁著赫魯雪夫到中國參訪的時候，突然對金門發動砲擊。

這一招不但能加深美國對蘇聯的猜忌，還可以測試美國的底線在哪，順便警告一下台灣。

萬一不小心打贏了，就順便把金門收回去。

八二三砲戰發生在 1958 年 8 月 23 日，一開始密集地轟炸了六個禮拜。國軍也予以反擊。兩軍在短暫的停火，外交上過了幾招後，接著又繼續打。

但這次卻多了「單打雙不打」的政策，也就是看日曆是單數的日子就開砲、是雙數的就休戰。

兩邊一直糾纏到 1979 年 1 月 1 日，中共正式與美國建交才完全停火，金門一共承受了 60 多萬發的砲彈。

冷戰的起點

🐟 鐵幕降下

冷戰，英文叫作 Cold War。

這詞不是在形容某個冰天雪地的戰爭，而是在形容第二次世界大戰打完後，世界分裂成兩個陣營，一邊是美國，一邊是蘇聯，但因為雙方都有好幾顆核彈，只要打起來保證大家一起死光光。

所以雙方都不敢貿然出手，所有的對抗幾乎不是檯面下的較勁，就是利用別的國家互打的代理戰爭。

因為沒有真的打起來，所以才被叫作冷戰。

那為什麼會有冷戰呢？

這要從第二次世界大戰最後的幾年開始講起了⋯⋯

當時盟軍與蘇軍一起推倒了納粹德國，但卻在戰後處置的會議上喬不攏。

史達林總是說：「我們死了最多人耶，應該要分到最多

好處才對。」

杜魯門卻覺得橫看豎看，都是美國的功勞最大。

本來一起合作打倒法西斯的同盟國，為了利益分配而意見不合，尤其當年蘇聯跟希特勒一起瓜分了東歐，現在盟國要蘇聯把東歐吐出來，史達林卻說不要，害大家在會議上吵起來，最後分手了還當不成朋友。

重視經濟與市場的資本主義，非常害怕社會主義的擴張，所以英美等國十分積極地防堵共產黨，但由於東歐還在蘇聯控制之下，蘇聯輕而易舉地在波羅的海扶植出七個社會主義國家，並自動加入蘇聯。

邱吉爾非常擔心整個歐洲會逐漸赤化，於是遠赴美國演講，疾聲呼籲：「一幅橫貫歐洲大陸的鐵幕已經拉下。這張鐵幕後面坐落著所有中歐、東歐古老國家的首都，全部都被蘇聯牢牢地控制，若不快處理的話，很快就會蓋住整個歐洲。」

話才剛講完沒多久，自由世界與共產世界的衝突馬上就開始了……

一開始的衝突在希臘與土耳其發生，共產黨人不斷地嘗試發動革命。英美卯足全力，花一大堆錢、派了一堆兵才阻止了希臘與土耳其的赤化，這是美國冷戰初期最重要的「圍堵計畫」之一。

美國：「錢能解決的都是小事啦！ヽ(ˋДˊ)ノ」

畢竟身為最有錢的世界霸權，國土與生產線也都沒有受到戰爭的波及，美國一肩扛起自由世界的財政缺口，啟動了

「歐洲復興計畫」。

蘇聯：「你這是在針對我！？」

美國：「沒有啦，這是要對飢餓與貧窮宣戰啦～（`•ω•´）」

美國撥了好幾百億的貸款給歐洲，還有一堆食物與日常用品也一起送進歐洲，非常大方。

但美國當然不是做慈善事業的，支援歐洲除了可以解決美國產量過剩的問題以外，最重要的還是要收買人心，對抗蘇聯。

美國把加拿大以及英國、法國、義大利、荷蘭、比利時、盧森堡、丹麥、冰島、挪威、葡萄牙、希臘、土耳其、西德這些歐洲國家從地上扶起來後，組織了「北大西洋公約組織」，簡稱「北約」（NATO）。

北約的原則很簡單，不管是誰，只要攻擊其中任何一國就等於攻擊北約全體，大家就要一起出手圍毆。

然後美國就是這個聯盟的老大。

● 知識彈藥庫

相互保證毀滅（M.A.D.）

冷戰當時之所以沒開戰，是因為雙方都有足夠完全毀滅對方的核彈，這個局勢，被稱為 M.A.D「相互保證毀滅」（Mutual Assured Destruction）。

當時不論美國還是蘇聯，都在準備核戰的應對方針，包括挪入學校課程、發放小冊子、鼓勵改造地下室作為避難室等等方法。

但隨著洲際彈道飛彈、潛艇等等除了飛機以外的核攻擊方法問世，就算美蘇其

中一方先發制人，被打的那一方也有辦法靠第二波反擊毀滅對手。

大家也逐漸了解做多少準備都沒有用，反正只要美蘇一開戰，結局就是人類毀滅，所以造成了美蘇都不敢貿然開戰的冷戰局面。

🐟 北約 vs. 華約

「什麼！？杜魯門搞出了『北約』要對付我們！？」

蘇聯的史達林知道後，也不甘示弱地找來各蘇聯體系下的波蘭、捷克斯洛伐克、匈牙利、羅馬尼亞、保加利亞、阿爾巴尼亞、東德等國家，組成「華沙公約組織」，簡稱「華約」（Warsaw Pact）。

兩股勢力在歐洲不斷地拉扯，在世界各地不斷地交鋒。

先是中國的國共內戰，再來是東德與西德的對立。

後來是南韓與北韓的分裂、埃及的運河糾紛。

接著再鬧到越南的叢林，與古巴的海上。

甚至地上不夠打，還要飛到太空比賽，最後跑到都是沙子的阿富汗。

就這樣從 1947 年，比到 1991 年才結束。

韓戰

韓戰的起因

冷戰的第一次大型衝突發生在朝鮮半島，也就是「韓戰」，又稱為「朝鮮戰爭」。

相對於其他戰爭，這場的知名度比較低。

畢竟對美國而言，韓戰是一段頗不光彩的過去，所以韓戰又被叫作「被遺忘的戰爭」，連電影都沒拍幾部。

但其實這場「被遺忘的戰爭」反而是這世界「最該被記住的一場戰爭」，重要度5顆星！

到底那時在韓國發生了什麼事？

美國是忘記了？還是害怕想起來？

要搞清楚這段歷史，咱們得從一百年前講起了……

🐟 日清甲午戰爭

還記得為什麼台灣變成日本的嗎？沒錯！就是因為清國跟日本打了一場架，而這場戰爭的起因則是韓國。

那時，第一次世界大戰還沒開打，日本趕上最後一波衝刺讓軍事全面近代化，但經濟發展卻遇到了瓶頸⋯⋯經過了高層各種討論後，日本決定到韓國開副礦，一口一口地吃下韓國，讓韓國成為殖民地，賺點經濟之餘，順便防一下俄羅斯。

日本先製造了一些意外，讓韓國開放了一些港口。

後來再故意被捲入韓國宮廷的政治鬥爭，這場鬥爭分成兩派：

一派是閔妃，是高宗的皇后，也就是之後拍成韓劇《明成皇后》的女主角。

一派是李昰應，也就是朝鮮李氏王朝高宗的爸爸，因為名字太難念，叫他「大院君」就對了。

閔妃引進日本勢力對抗大院君，並與日本簽訂《江華島條約》，這是朝鮮與外國簽訂的第一個不平等條約。日本偷偷滲透進去韓國政治後，假裝跟韓國當好朋友，一直在韓國耳邊說悄悄話：

「好國家，不獨立嗎？（´•ω•`）」

韓國一直以來都是明、清的藩屬國，也常常想說：「唉，要是不用繳保護費就好了⋯⋯」現在聽到日本要幫忙撐腰，

當然非常心動。

後來閔妃發現日本野心漸漸變大，態度轉變，1882 年大院軍發動「壬午兵變」企圖暗殺閔妃，後由中國的袁世凱前來平亂。之後閔妃轉與俄國合作，成為日本的眼中釘，甲午戰爭後被日本人暗殺。

然後在 1894 這一年，一群信奉「東學」的朝鮮農民準備鬧革命。

朝鮮政府怕自己處理不來，就對清國求援，而日本抓緊這個機會，一邊說：「哇！我要保護僑民與大使館」，一邊派出軍隊進入朝鮮。

等東學黨事件落幕後，清國就說：「好，搞定，大家可以回家啦！」一看到日本沒打算走，清國就生氣了，怒斥日本：「你是不是想對我的保護國下手！？」

但日本已經與當時掌權的大院君合作，宣布「清國的各位朋友們，請聽好……韓國從此為自主之國！不再朝貢！」

清國聽到朝鮮要分手，整個超火，日本這樣拐跑韓國根本是小三的行徑！於是馬上集結鐵甲艦隊要找日本決鬥！

結果號稱亞洲第一，船堅砲利好棒棒的北洋艦隊，一交戰就被日本帝國海軍炸到飛起來，整組壞光光。

韓國好開心，「朝鮮王國」升級成「大韓帝國」，但沒多久就錯愕地發現：為了獨立跟打仗，宮廷早已被日本勢力全面滲透。各項政治、軍事都被日本人把持，國家情勢再也回不去了。

🐟 日俄戰爭

好不容易獨立的韓國人，卻發現國家被自己不小心外包給日本了！民眾隨即陷入恐慌。

但儘管韓國人民喊著不要不要的，日本一點都沒有想停下來的意思，繼續強迫韓國交出財政、外交、通信跟航行權，韓國政府名存實亡，成為傀儡。

走投無路的韓國，這時只好找北方超爆幹強的俄羅斯帝國求救。

本來俄羅斯跟清國在旅順租了一個港口，這港口對俄國很重要，因為冬天也不會結凍……用起來很方便，俄國人很喜歡。

結果甲午戰爭後，旅順跟通往旅順的鐵路變成日本的地盤，害俄國一直跟日本吵架，從此結下梁子。

一看到有人跟俄國鬧不和，當時世界霸權的英國馬上找日本結盟，因為英國也超討厭俄國，所以全力支持日本跟俄羅斯在韓國大幹一場。

本來全世界都以為：「哼，小日本竟然敢去挑戰俄羅斯戰鬥民族，ㄏㄏ」

沒想到這一戰幹下來，日本竟然能打爆俄國！！這下可不得了了，黃皮膚的第一次在戰爭中打爆白皮膚的！！太神啦！！！－－－（°∀°）－－－！！

而且，打贏就算了，日本派出去的間諜還成功誘發了俄國境內多起革命，俄羅斯的國際影響力一路電梯向下，跌入谷底。

打贏俄國的日本，聲望大幅提升，晉升列強，而且還在英、美的鼓勵與支持下，1910 年的《日韓併合條約》之後，直接將韓國併入日本領土，大韓帝國從此滅亡，開始了 35 年的日治時期。

🐟 抗日戰爭與金日成的崛起

韓國人成為日本人之後的前幾年，影響不大，因為韓國傳統社會結構都是「地主＋佃農」為主，所以只是換個老闆罷了。

但隨著列強的競爭與經濟大蕭條時代來臨，日本需求也愈來愈大，殖民地韓國就必須要想盡辦法來滿足母國。於是，日本推動了「內鮮一體」政策，一方面逐步改造韓國人的文化認同、語言與歷史，一方面加速推動韓國的工業化，並在經濟上剝削韓國人。

韓國人別無選擇，因為只要一抗議就被鎮壓，一示威就被屠殺。

隨著高壓統治的日子一天一天地推移，愈來愈多韓國人變成日本人的樣子，日本也以韓國為基地，一點一點地往中國東北侵蝕……

　　這時，有一個年輕人不願屈服，領著神出鬼沒的游擊隊到處攻擊日軍，這個年輕人，他的名字叫做金日成。

金日成

　　這位一開始默默無名的小人物，在中國東北、滿洲與北朝鮮經歷過一次一次的戰鬥，逐漸成為民間口耳相傳的英雄人物。

　　這位傳奇的游擊隊隊長有著純正的抗日血統，幾乎全家都在抗日，也幾乎全家都死於抗日。

　　有一次，日本人抓了他的女朋友作人質，威脅不投降就幹掉你的女人……金日成百般糾結下，最後還是選擇跟游擊隊的弟兄繼續戰鬥，為了民族，賠上了自己愛人的生命……

　　這些游擊隊到處搗蛋，日本視為眼中釘，一次一次地發動大規模剿匪作戰，殺死了幾千幾萬的反抗軍，但這個金日成就是不肯死去，一次一次地串聯中國與蘇聯的共產黨，一次一次帶著游擊隊捲土重來……

🐟 二戰的完結與 38 度線

接著，時間來到了第二次世界大戰。

日本戰事初期雖然無往不利；但後期一步錯，步步錯……

美國被日本偷襲後，一個怒參戰，沒多久就開始壓住日本一陣毒打，風向一面倒向英美為首的同盟國。

這時，同盟國的領袖們開始討論戰爭結束後，大家要怎麼管理這個世界？（翻譯：戰利品怎麼分啊？各位？）

而會議中，有一項提議是：「大家手牽手一起打爆日本後，我們就來幫韓國重新建國吧！」

於是在二戰接近尾聲，日本被丟原子彈的隔天，眼見馬上就要投降的時候，蘇聯抓緊最後的機會，聯合中國以及北韓各地的游擊隊，對當時還是日本領土的滿洲國以及朝鮮發起了一波猛攻！

美國一看，哇靠，這進度也太快！

「不行，不能讓蘇聯把朝鮮整碗捧走！不然我們美國在遠東會拿不到好處！」

於是就對蘇聯史達林提議：「我們從南部進攻、你們從北

部進攻，北緯38度線以北交給你們，38度線以南我們處理！」

史達林馬上答應「好哇～沒問題！」

心裡想著：「反正日本是輸定了，南邊給美國沒差，我要去把以前日俄戰爭輸掉的地方打回來，順便吃掉北海道！」

但還沒來得及拿下北海道，日本就投降了。

最終局面變成：美國獨占日本，韓國由蘇聯跟美國一人一半。

大韓民國與衝突升級

大戰一過，美國跟蘇聯馬上從好麻吉變成冤家，雖然本來大家說好要合作幫韓國人建立國家。但兩個大國各懷鬼胎，為了自己的利益，各自找了一個自己中意的人來成立新政府。

蘇聯為北韓政府找來了抗日英雄、傳奇般的游擊隊隊長金日成。

而美軍則是先設了一個軍政廳來代管治理，後來找了李承晚，成立了「大韓民國」。

問題很快就來了。

美軍並不了解亞洲複雜的民族問題，也不想去了解⋯⋯

「反正都是黃皮膚的嘛，隨便啦⋯⋯」

但這個李承晚跟他的「大韓民國」原本是戰前在中國上海租界的「大韓民國臨時政府」，雖然在韓國亡國時，算是韓國人民一個精神上的寄託，也是復國的一個希望，但再怎麼說，這依舊是個流亡海外三十幾年，而且從來沒有執政過的團體……

所以南韓人心想：「噴！好不容易趕走日本，結果還是輪不到自己當家，而是找了一個沒留在國內一起吃苦的流亡政府回來？」

更糟糕的是，李承晚是個脾氣很差的獨裁者，手下的政府官員都是以前日本人的手下，而且幕後掌握大權的是美國人，這也代表著南韓人民一樣還是被一群外國人統治。

而且新政府貪汙腐敗超嚴重，美軍顧問團也不好好協助管理，軍隊紀律渙散，民怨與抗爭四起。

儘管如此，聯合國以及參與其中的民主國家依舊承認「大韓民國」為韓國合法政府，並宣布要找一天在全國普選，成立統一的韓國政府。

蘇聯當然不肯，反而叫背後的社會主義國家們，一起宣稱北韓「朝鮮民主主義人民共和國」才是韓國的合法政府。

就這樣，韓國就有了兩個政府。

雙方有不同的名字，又互相不承認；有不同的靠山，卻又互相敵對。

局面從「北韓 vs. 南韓」升級成「共產世界 vs. 民主世界」。

唯一共同點只有：兩邊領導人都是兇巴巴的獨裁者。

🐟 韓戰開打

　　隨著南北韓互看不順眼的情況愈來愈嚴重，蘇聯跟美國調停地也是有點煩了。

　　反正兩邊政府運作上了軌道，協調問題就交給聯合國慢慢來吧，於是兩個大國很有默契地各自撤出韓國，但事情當然沒這麼簡單……

　　蘇聯離開時，早就把北韓軍隊訓練得妥妥的，還留下了許多武器、戰車以及飛機，北韓甚至還派一大堆人跑去中國幫打國共內戰吸收經驗。

　　而南韓軍隊的訓練卻亂七八糟，政府不得民心，到處都在內亂。

　　許許多多的南韓人民對李承晚政府敢怒不敢言，讓北韓的間諜輕而易舉地吸收大量的平民作為內應。

　　因為李承晚又三天兩頭對北韓嗆聲，所以美國不敢把重武器留下來，不然要是李承晚一拿到武器，一定馬上忍不住全部往北韓臉上射。

　　但出來混的，終究要還……

　　就在邊境的小衝突發生兩千多次以後，金日成得到史達林與毛澤東的支持，帶著北韓軍，開著蘇聯的戰車，以勢如破竹的閃電戰，突破了 38 度線！

　　看到北韓軍殺過來，李承晚馬上帶著高官們拔腿就跑，

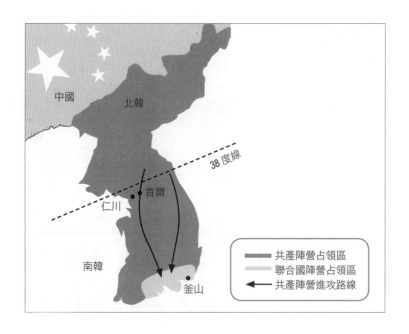

軍民驚慌失措,指揮系統潰敗,防線全面崩壞,首都首爾一下就淪陷了。

「撤退,快撤退!」

「那個誰,快把橋給炸了,以防北韓軍追上我們!」

「可是隊長,還有人民在過橋……」

「少囉嗦!叫你炸你就炸!!」

就這樣,超廢的南韓軍被打得滿地找牙,撤退路上還破壞橋梁與設施,順便來個燒殺擄掠,一邊進行焦土作戰,一邊栽贓給北韓軍。

而且金日成不承認自己先動手，還反過來指控美國協助李承晚準備入侵北韓：「我們只是採取必要措施來保衛人民與國家，順便促成國家的和平統一啦！」

　　美國無話可說，因為李承晚真的一天到晚都在嗆要打爆北韓。

　　杜魯門總統隨即下令軍事介入，聯合國安理會也馬上派遣軍隊協助南韓。

　　二戰名將道格拉斯‧麥克阿瑟（Douglas MacArthur）臨危受命成總司令。

　　為這場長達三年的血戰，拉開了序幕。

🐟 釜山防衛圈

　　說真的，蘇聯跟北韓一開始就有評估過「這次入侵會不會被美軍介入」。

　　但因為美軍正在裁軍、聯合國還不成氣候、南韓治安敗壞，所以北韓自認師出有名……大膽猜測美軍應該不會介入。

　　「就算介入了，我有自信，可以拿下本場 MVP，我將拿下釜山，把聯合國軍趕到海裡！」金日成拍拍胸脯說道。

　　但是事與願違，民主陣線這邊前一陣子才因為沒有詳讀

投資說明書，投資蔣介石國民政府血本無歸，丟掉整個中國。要是再丟失南韓，台灣跟日本大概沒多久也會陷入危機，「圍堵共產主義」的策略將會灰飛煙滅。

而且聯合國才剛剛成立，為了面子，說什麼也要守住南韓啊！

以美軍為主的聯合國軍（UNC）很快地就出動，本來以為北韓軍看到就會嚇到，然後就會停止侵略……之類的。畢竟美國那時聲勢如日中天，左打日本、右踹德國的，根本是無敵之師。

但北韓軍毫無膽怯之意，持續猛攻，UNC沒辦法有效地阻止北韓的進犯，軍隊一路被逼退到朝鮮半島最南端的釜山。

UNC跟南韓在釜山設立了一個環型的防線，陸上有碉堡與M26潘興坦克鎮守，有效阻止北韓的T-34坦克進犯。就算北韓軍隊想從海邊繞路，只要一接近海岸就會被聯合艦隊轟成智障。

戰鬥最重要的物資也從海上源源不斷地輸入，這麼一來，南韓總算是守住了。

🐟 仁川登陸

　　儘管防線守住了，但是釜山已被層層包圍，就算有 UNC 的幫忙，南韓也沒辦法把兵線推出去。

　　這時，麥克阿瑟將軍計畫發動一個史無前例，還能改寫戰鬥教科書的大膽作戰：他要從首爾旁邊的仁川登陸，突擊北韓軍，切斷北韓補給線。

　　仁川是個小港口，地圖上在首爾的左邊，海象險惡，超不適合登陸，麥克阿瑟找來了一堆擅長兩棲登陸作戰的專家諮詢，但所有的專家都說：「阿瑟兄，這難度真的太高了，這作戰根本不可能成功啦！」

　　結果，270 艘軍艦在近乎無損的情況下，把 8 萬人的部隊送上岸。嘴巴上說不行，結果作戰完美執行，這群專家們真是傲嬌。

　　也由於仁川的作戰成功，UNC 一舉收復了首爾，切斷了北韓的補給線。

　　然後釜山的軍隊也成功突圍，南韓軍把北韓軍逼回 38 度線，目前為止，是聯合國軍與美軍的大勝，不但證明自己言出必行，而且有能力以有限戰爭的方式，將國際情勢引導成自己想要的成果……

　　是啊……「目前為止」……很快一切又會不一樣了……

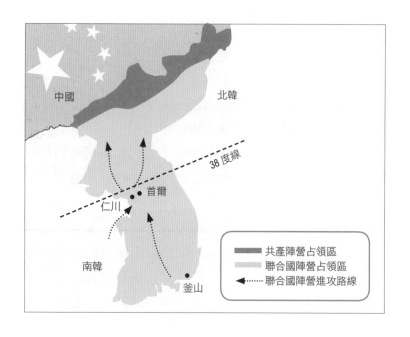

中國　　　　　北韓

38 度線

首爾
仁川

南韓

釜山

共產陣營占領區
聯合國陣營占領區
聯合國陣營進攻路線

最寒冷的冬天

收復了 38 度線後，美軍與聯合國經過了許許多多的評估
與會議後，決定要藉這氣勢一舉解放北韓，讓韓國完成實質
的統一。

於是 UNC 的部隊大舉跨過了 38 度線，開始往北進攻。

而此時北韓軍的海、空軍已全軍覆沒，UNC 取得完全的
制空權與海權，想炸誰就炸誰。

北韓陸軍只能一邊挨打一邊撤退，儘管如此，後方的家園其實已經被轟炸機燒個精光……

美軍愈打愈順手，一路長驅直入，只要把北韓軍隊趕到鴨綠江，就等於成功驅逐北韓政權，大家就可以回家啦！

但隨著冬天一到，UNC 突然看到北韓軍隊華麗地轉身……然後中國軍隊從四面八方一個神進場，UNC 被殺個措手不及，被揍得滿頭包，陣腳大亂。

原來金日成從美軍參戰開始，就不斷地請求史達林與毛澤東趕快派人來幫忙。中蘇兩國早已在邊界集結重兵，要是聯合國與美軍一跨過 38 度線，中國就會進來幫忙打。

而史達林，雖然一度很猶豫，本來還想「算了啦，美國要就給他好了。」畢竟世界兩大強權一開打，肯定是要核彈射來射去的，一個不小心，搞不好就變成人類在地球上的最後一戰了。

此時毛澤東跳出來：「當初共產黨與國民黨大戰時，日成老弟可幫了我不少忙，加上美國這樣步步進逼我們共產黨，我可不能讓達林兄丟臉呀！」

於是馬上組成了一支「抗美援朝人民志願軍」，30 萬人踩著魔鬼的步伐默默包圍 UNC 軍隊……

UNC 陷入空前苦戰，據點一個一個失守。

就算想派出更多的空中支援，但此時的天空卻已經不再安全了。

原來史達林終究是放心不下，偷偷派出最新式的噴射機

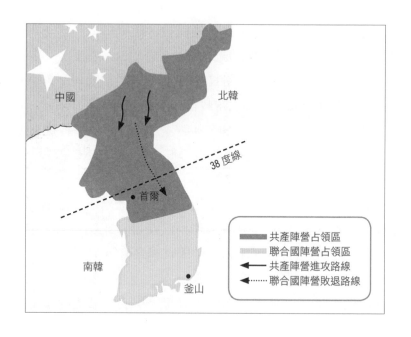

中國　　　　　　　　北韓

38 度線

首爾

共產陣營占領區
聯合國陣營占領區
共產陣營進攻路線
聯合國陣營敗退路線

南韓

釜山

「米格 15」在鴨綠江上空掩護北韓與中國，美軍除了同是噴射機的「F-86 軍刀」可以跟米格機對打以外，其他所有飛機都打不贏米格機。

　　UNC 在零下 20 度的寒冬中掙扎，但仍然一步一步被逼退，一路退過了 38 度線，連首爾都再一次地被北韓占走……

　　地球另一頭的華府也陷入兩難，除非繼續加碼擴大戰事，這場仗看起來是打不贏了……麥克阿瑟跟杜魯門吵著要丟原子彈，甚至還真的準備了轟炸計畫，只要批准一過，中國與北韓就會被種滿 26 顆核子大香菇。

世界此時正踏在核子戰爭的邊緣。

還好，冬天沒有持續太久。

漫長的兩年

春天一到，UNC 本來到處挨打的戰況突然就好轉了。

原來是中國志願軍跟北韓軍覺得很累，對於 38 度線以南的進攻興趣缺缺。

UNC 趕快把握這個機會，再次把首爾搶了回來！（這是短短九個月來，首爾第四次淪陷。）

也因為戰況突然緩和，本來已經在沖繩準備好的核彈計畫也暫停了，吵著要丟核彈的麥克阿瑟被換成比較冷靜的馬修・李奇威將軍，然後，開始了長時間的僵持與消耗戰。

雙方在 38 度線附近的丘陵與山谷不斷地交戰，但大量的的戰壕、地雷與刺鐵絲形成了強大的防線，任誰都沒辦法輕易地突破。

雖然雙方在聯合國的協調下，在板門店設置非軍事區來談和，但雙方都沒有退讓的意思，談判完全沒有進展。

前線的戰鬥持續地進行，北韓一樣被轟得亂七八糟。

相對安全的南韓則在美援大量進入下，快速發展。

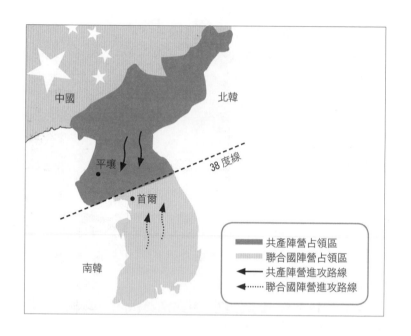

為了在談判桌上取得更多的優勢，士兵們冒險突破防線，卻只為了占領一座毫無用途的小山，但對方反而故意拖延談判，晚上勞師動眾把山頭搶回來。

毫無意義的消耗不斷地重演，人命不斷地逝去。

但這種小衝突符合美、蘇各自的利益，所以高層就讓戰事這樣一天一天地拖下去。

一拖拖了兩年，可怕的消耗戰才出現轉機。

1953 年 3 月 5 日，七十四歲的史達林中風掛掉，接班人赫魯雪夫不打算延續史達林的政策。

於是中、美、北韓三個國家終於簽下了停戰協議，在 38 度線的占領區各退 2 公里，形成 4 公里的非軍事區（DMZ）大家放下武器先各過各的生活，以後再慢慢想辦法解決這棘手的問題。

等等？三個國家？南韓呢？

李承晚打死不接受談判，不過沒人鳥他，反正南韓軍跟南韓政府從頭到尾扯後腿都比幫忙多。

就這樣，持續三年的戰爭，造成了四百萬人死亡。

在哪邊開始就在哪裡結束，一切回歸原點，南北韓繼續對峙，直到今日。

◉知識彈藥庫

韓戰以後的韓國

韓戰停止後，北韓持續地戒嚴，由金正日與他的好夥伴們持續地實行高壓統治，一直到今天，似乎沒有太大的變化。

而南韓人民在被李承晚的腐敗政府折磨了 12 年後，由朴正熙率領的軍隊接手，實行強硬的改革。朴正熙將一生奉獻在國家與民族的富強，雖然獨裁與鐵腕政策造成許多流血爭議，但是南韓在他統治的 16 年中經濟突飛猛進，被稱為「漢江奇蹟」。

中國也因為得到蘇聯大量的低利貸款與人力支援，走出了建國時期的不安定，步步走向穩定，到今天已成為一個名列前茅的強國。

台灣雖然好像置身事外，但因為韓戰，美軍派了第七艦隊擋住台灣海峽，強迫中止了國共內戰，隨後台灣被劃入美軍防堵共產的計畫中，除了派兵協防、派員建設與技術支援以外，大量的美援跟工作機會，也順便讓台灣的工業與經濟全面升級。

越戰

🐟 北緯 17 度線上的熱戰

在韓戰結束以後，美軍跟聯合國又忙著回去處理歐洲，並且在瑞士召開了一個有關東亞與東南亞要怎麼回復和平的「日內瓦會議」。

這個會議有迫切的必要，在二戰打完之後，東南亞的國家沒有迎來和平，反而是打得更慘烈，一大堆國家宣布獨立，然後跟本來的殖民母國殺得頭破血流。

在這個會議中，越南被分割成南越跟北越兩個政權，但這處理方式爛透了，沒多久南越跟北越就爆發了越南戰爭，而且愈打愈烈，還波及一旁的寮國與柬埔寨，蘇聯、中國、韓國等國還一起加入混戰，使其成為冷戰中規模最大、耗時最久的戰爭，從 1955 年打到 1975 年，一共打了十九年半。

這更是美國自建國以來，唯一輸掉的一場戰爭。

到底越戰是怎麼發生的呢？

我們就先從 1883 年開始講起吧！

🐟 清法戰爭

　　大概在十九世紀的時候，法國盯上了中南半島上的越南。

　　那時的越南有自己的「阮氏王朝」，也是清國的藩屬國，為了保護越南不被搶走，清國就跟法國打了一仗。

　　戰況同時在海陸進行，非常激烈，一度陷入膠著，但後期清國的黑旗軍開始反攻，一度占到上風……但清國贏了戰鬥，輸了外交，越南最後還是被割給法國。

　　清國將領：「WTF！？李鴻章搞什麼啊ˋ（#`Д´）ノ？」

　　法國拿到越南，馬上將越南打造成自己的殖民地，越南人覺得苦，起身反抗好幾次，但反抗幾次就被鎮壓幾次……

　　許多越南人不願放棄，跑到國外等待機會。

　　其中有一位參加反法組織的熱血青年，跑到歐洲，又跑到中國，甚

胡志明

至還跑去了蘇聯一趟。

這個人參與了亞洲數場戰爭，在香港創了越南共產黨，精通數國語言，而且還有很多名字。

其中最響亮的一個叫作：胡志明。

🐟 日本時代

之後的幾十年，法國持續殖民著越南，直到第二次世界大戰開打了，事情才開始不一樣。

當時，法國被希特勒打爆，變成納粹所控制的維琪法國。在另一頭打中國打到滿頭是汗的日本看到了，心裡想：

「唔，越南是法國的，法國又是德國的，那我既然身為德國的好朋友，過去幫忙監控法國人，順便 A 點資源好了！（•ω•）」

於是日本揮軍進入越南。

一開始，越南人不知道日本人來幹嘛的，日本人說：「我是來幫你們把法國人趕跑的，我們亞洲人應該要自己組一隊，成立屬於我們的大圈圈啦！（°∀。°）」

越南人很開心，接受了日本人。

日本人一開始也對越南人不錯，訓練出很多人才，還真

的幫忙趕走了法國人，把以前阮朝的保大皇帝找回來，協助越南人建立了「越南帝國」。

越南人：「好耶！終於有自己的國家了！」

但事情當然沒有這麼簡單……

新的政府是日本的傀儡政府，國家重要決策都是日本說了算。

日本人在之前就把一堆水稻田挖掉，改種些橡膠、黃麻之類的戰爭資源，越南人問說：「這樣我們糧食不夠怎麼辦？」

日本回：「安啦，我們有朝鮮跟台灣在產稻米。」

結果太平洋戰爭愈打愈慘烈，資源根本運不過來，害越南爆發嚴重飢荒，餓死了上百萬人。

在戰況失利的情況下，日本自顧不暇，對待越南人一天比一天更殘暴……

越南人每天過得水深火熱，這時胡志明組織的「越南獨立同盟」，簡稱越盟，開始不斷偷襲日本糧倉，再把食物與資源分給人民，勢力不斷擴大。

🐟 獨立時刻

就在日本在太平洋被美軍海扁的時候，越盟不斷地累積

實力，並從盟軍那得到物資上的支援，一等到日本投降的那一天，越盟跳出來大喊：

「就是現在！ゝ（ˋДˊ）ノ」

並且在各地發動獨立戰爭，一呼百應，一下就取得越北所有鄉鎮的控制權。

不過，南方的城鎮依然由日軍與親日政府控制，這些日軍被美國命令，在北邊的對中華民國投降，在南邊的對法國投降。

「不行，時間拖太久，等法國人回來就來不及了。」

越盟大將武元甲，牙關一咬，下令軍隊往首都進攻。

「殺啊啊啊啊！！！！！……啊？」

沒想到本來防禦森嚴的日軍，竟然隨便射個幾槍就棄戰不打了。

原來在越盟即將進攻的時候，日軍跑去問保大皇帝：「如何？要擊退他們嗎？我們的人數跟武器都有優勢喔！」

保大皇帝則是請求日軍：「請不要對我的人民出手！」

所以日軍就假裝抵抗一下後，跑到旁邊裝忙，放任越盟把以前法軍繳獲的軍武搬光光。

保大皇帝隨即宣布退位，把國家大權交給越盟。越盟順利取得玉璽跟王家寶劍後，開心地宣布：

「我們獨立啦！！今天開始各位就是越南民主共和國的公民啦！！」

🐟 印度支那戰爭

結果獨立沒多久，中華民國的部隊跟英軍與法軍就進入越南。

越南雖然心有不甘，但礙於武力不夠強，行政經驗跟資源也都不夠，只好接受盟軍的命令。

中華民國對北越說：「安啦，我們只是先代管，然後我們一起組聯合政府，最後離開時再幫助你獨立！」

結果中華民國代管管得亂七八糟，弄到天怒人怨後，還把越南出賣給法國。而法國一心只想把越南重新收編，繼續殖民。

越南人不能接受，於是，法越戰爭就此開打。

法國把保大皇帝找回來成立「越南國」，並且得到聯合國的支持，展開一系列的進攻。

越盟起初打得非常辛苦，不過等到中共控制了中國大陸後，由北方帶來了大量支援與軍火，得到裝備的越盟開始反攻，一番苦戰過後，武元甲將軍帶著越南人民軍在奠邊府痛打法軍，法國只好投降。

1954 年 7 月，越南經歷了苦戰 8 年後，戰勝了法國。

🐟 特種戰爭

好不容易趕走法國人，也到瑞士開了會，說好了北越與南越在 1956 年的 7 月的某一天要來場選舉，然後看選舉結果合併。

結果美國的艾森豪總統這時卻說：「不行，再讓共產主義擴張下去，自由世界會像骨牌一樣崩潰的！」

下定決心要介入越南的美國，開始全力扶植南越。

美國先讓當時的總理吳廷琰得到權力，罷黜了保大皇帝，並把「越南國」改成「越南共和國」。

北越：「抗議！說好的投票呢？」

美國：「抗議無效！你們共產黨哪懂什麼是投票！」

無視北越的美國，繼續不斷地協助吳廷琰勢力，沒想到這個吳廷琰根本豬隊友。

治國亂七八糟，把國內搞得烏煙瘴氣，手下的政府官員各個貪汙腐敗，弄得越南民不聊生。

有人受不了，就成立了反政府游擊隊，北越很快地把他們也吸收進共產黨，此時南越的敵人已經不只來自北越，而是在全國各處神出鬼沒的「越共」。

1961 年 5 月，越南戰爭悄悄地開打。

為了幫助南越，美國人一開始把越戰定位成「特種戰爭」。

也就是自己不跳下去打，但是派出特種部隊、軍事顧問訓練南越，再提供資金與武器，讓越南人自己去打越南人。

甘迺迪：「好，技術跟戰術都教你了，武器跟資金也給你了，民主繁榮的越南就靠你啦！」

吳廷琰：「好喔！」

結果沒有。

吳廷琰政府對外打不贏越共、對內屠殺異己，美國給的錢全都被貪光光。

美國發現自己又扶出一個廢物政權，頭有夠痛，決定要換掉吳廷琰。於是偷偷支持吳的手下政變……

結果政變成功了，上台的卻比之前的更弱，越共還趁機進攻，搶走了許多村莊。

美國崩潰：「啊啊啊啊！煩欸，我自己來這樣總行了吧！ヽ(#`Д´)ノ」

●知識彈藥庫

直升機登上戰場

在越戰的時候，美軍當時的 UH-1 與 AH-1 直升機首度在戰場大量使用。

UH-1 是美國貝爾公司的發明，綽號叫「修伊」，那個 U 代表著「通用」（Unility）直升機在運送士兵到戰場、撤退傷兵離開的表現超神，兩邊還可以裝上 M60 機槍，提供地面部兵強大的火力掩護，成了美軍直升機的標誌。

直升機同時也是少數救人比殺人還多的兵器，若沒有 UH-1 在戰場上飛來飛去，美軍不知道要多死幾萬人才能離開越南戰場。

另一架 AH-1 則是貝爾公司在越戰後期上場的攻擊型直升機，綽號眼鏡蛇，使

用的科技與 UH-1 相當接近，
但眼鏡蛇完全就是設計來用強
大的火力攻擊敵方的武裝直升
機，專門負責空中打擊，不論
是保護 UH-1 或是打爆敵人，
表現都相當傑出。

　這兩架直升機的出現，從
此再度改變了戰爭的型態，所
有國家的軍隊就算沒有空軍，
也會有個幾架直昇機。

局部戰爭

1964 年 8 月，北越附近的中立海域有艘美國驅逐艦被魚雷轟沉。

美軍：「這裡是中立區耶！搞什麼！？」

北越：「不是我！」

美軍不管，馬上派一堆轟炸機升空，把北越的海軍基地炸翻。

北越也很生氣，派出正規軍襲擊好幾個美軍基地。

戰爭程度正式升級。

美國新上任的總統林登‧詹森被授權「可以採取一切手段」來對付越南。而且他還真的用了一切手段。

執行了「滾雷作戰」每天不間斷地持續轟炸，一直轟一直轟，幾年間丟下了比 WW2 還多三倍的炸彈。

結果除了造成大量的越南平民傷亡以外，一點用都沒有，越共早就摸清空襲的模式，人都躲到樹林跟地洞裡。

而美軍地面部隊卻在痛苦中作戰，神出鬼沒的越共躲在樹上、草叢跟地洞，隨時都有可能跑出來突襲。

為了讓這些越共沒地方好躲，美軍開始到處亂噴落葉劑，試圖毀掉越共藏身處……但最後一樣一點用都沒有，反而害一堆越南人跟美軍自己得癌症。

就這樣，美軍愈派愈多人，地面部隊在南邊不斷地想掃

蕩越共在鄉村的勢力，但是怎麼掃都被越共捲土重來。

　　北邊用空軍不斷地轟炸，但效果有限，還要小心不要炸到蘇聯跟中國的人，以免爆發第三次世界大戰。

　　持續四年的南打北轟，除了燒錢與死人以外，一點成效都沒有。

●知識彈藥庫

東南亞條約組織（SEATO）

　　越戰期間，除了美國以外，另外有兩個涉入韓戰程度僅次於美國的國家。

　　一個是韓國，一個是日本，兩個都是東南亞條約組織（Southeast Asia Treaty Organization，簡稱 SEATO）的成員國。

　　韓國從 1965 年開始到 1973 年這段時間，共派出了 35 萬人參加越戰，除了累積作戰經驗、提升國際地位以外，更重要的是一邊為國內政治問題找個出口，一邊爭取美國的支持與貸款。

　　因為越戰，韓國得到大量的美國訂單，對於建築、造船、海運的發展有著莫大的影響，許多品牌與財團都是靠著韓戰特需而發展起來。

　　但韓國出兵也製造了很多問題，這些韓軍到了越南，不斷地傳出屠殺平民等等戰爭罪行。

　　至於日本，當時沖繩還在美軍的支配下，每天都有無數的 B-52 轟炸機從沖繩嘉手納機場起飛去轟炸北越，放假的軍人也都在日本休假，不論是旅遊，購物，還是到紅燈區鬆一下，都給日本經濟帶來了極大幫助，整個日本經歷過一波韓戰特需，再經歷這次的越戰特需後，經濟空前繁榮，甚至對美貿易出超。

🐟 新春攻勢

1968 年 1 月，這時間正是越南人要過春節的時候。

北越正規軍卻選在大過年的時候，同時對一百多個城鎮發動突擊。圍爐中的軍隊與百姓被殺個措手不及，血流成河。美軍的溪山基地受到包圍，越戰中最慘烈的一仗在此爆發！

越共游擊隊也在這時襲擊西貢的美國領事館，戰地記者將觸目驚心的影片傳了出去後，輿論大爆炸：

「本來不是說要贏了嗎？為什麼現在反而被痛打呢？」

「可以不要把我們的孩子送去死嗎？」

美國本土的人開始厭戰。

許多美軍在戰場上幹的荒唐事也一一遭到爆料，反戰的情緒高漲。

🎯 知識彈藥庫

古巴飛彈危機

美國在很久以前跟西班牙打過一仗，然後得到了古巴的控制權。

之後，美國也在古巴扶植親美的政府，直到 1953 年，古巴革命家卡斯楚開始革命後，美國對古巴的控制力愈來愈小，又過了六年，起義軍打跑了美國扶植的總統，成立了新的古巴政府。

新政府上台後與美國斷交，往蘇聯靠攏，想成為一個社會主義的國家。

就在美國越戰打一半的時候，蘇聯決定幫助古巴排除美國的壓力，運了 16 枚核彈要去古巴蓋飛彈基地。

美國派出的偵察機 U2 拍到古巴蓋一半的基地，馬上回報美國五角大廈。

總統甘迺迪一收到情報，馬上派出 180 艘軍艦封鎖古巴，攔截蘇聯運輸船。

美國怒嗆：「蘇聯你搞屁喔！怎麼可以跑到古巴蓋飛彈！你是想打架是吧！？」

蘇聯回嗆：「美國你兇屁喔！你還不是在義大利跟土耳其蓋飛彈基地！！」

美國：「你給我停建飛彈基地喔！」

蘇聯：「你才先給我拆掉你的飛彈基地勒！」

兩個陣營嗆來嗆去，無數飛機升空警戒，所有部隊都進入備戰，全部飛彈發射井都進入待命，核子大戰一觸即發，只要任何一方按下按鈕，人類就會滅亡。

雙方互不相讓，不斷地威脅彼此，全世界就跟著在這條毀滅的鋼絲上走了兩個禮拜。

最後蘇聯態度終於放軟，表示會把載飛彈的船開回去，並在聯合國的監督下拆掉基地。

「但是！」赫魯雪夫說：「你要保證不入侵古巴！」

「沒問題！」甘迺迪說好。

古巴飛彈危機才因而解除，人類驚險萬分地逃過一劫。

🐟 戰爭越南化

眼看越南這坑已經已經打了無數個秋冬、帶走無數人命、燒掉無數鈔票，憤怒的美國人民對於政府的不滿不斷增加，街上的示威遊行從來沒停過。

詹森總統只好宣布：「不打了不打了，滾雷作戰中止，大家可以回家啦！」

新的政策開始分批把美軍撤出越南，並且開始用外交的

方式，試圖早點結束戰爭。

但是詹森任內沒有成功。

1969 年，主打反戰政策的尼克森總統上台贏了美國總統大選，他上台後表示：「我們陷入戰爭，需要和平，我們陷入分裂，需要團結。」

「越南的戰爭，就讓越南人自己解決吧！」

然後開始加速美軍的撤離。

但開始撤退不代表停止了戰鬥，儘管領袖胡志明生病去世了，北越軍再度發動比春節攻勢更大的「復活節攻勢」。

但這一次，美國擋住了。

在外交上也成功地在中共與蘇聯之間取得施力點，把北越逼回談判桌前面，1973 年，南北越與美國再次回到巴黎開會。談妥《巴黎和平協約》後，美軍才得以從越南這泥沼抽身，狼狽不堪地回家。

這 20 年，美國死了 5.8 萬人，傷了 30 萬人。前前後後共派出 300 萬人，回家的士兵卻不但不被社會接納，還飽受枯葉劑帶來的癌症，以及戰鬥造成的創傷症候群所折磨，更造成嚴重的美元危機，使得美國的威信與競爭力大幅下降。

而且美軍撤退不到兩年，北越就攻下了南越，強行統一了越南，使得越南從此成為一個共產國家。

同年，柬埔寨與寮國接連政變成功，中南半島全面赤化。

美國哭哭，吞下建國以來最苦澀的一場敗仗。

阿富汗戰爭

🐟 戰火不斷的阿富汗

冷戰最後一個階段的軍事衝突在阿富汗。

阿富汗在亞洲的位置非常關鍵，同時連結了北亞、東亞、南亞與中東。處在這種地方實在是太衰小了，害這個國家從以前到現在被侵略了無數遍⋯⋯

最早是在 1839 年，世界最大的兩個勢力，也就是英國跟俄國在對抗的時候，阿富汗就成為兩國爭奪的重點。

那時英國很怕俄國會從阿富汗跑去弄英屬印度，就乾脆下手為強，入侵阿富汗，打算扶植一個親英的政權。

一番苦戰後，勉勉強強算是打贏了，但是政局變化很快，三十幾年後，英國跟阿富汗又打了第二次英阿戰爭，依舊沒有辦法完全控制阿富汗，加減拿了個外交權。到了一戰過後，兩邊又打了第三次英阿戰爭，阿富汗這才拿回主權，成為一個獨立的國家。

這三次英阿戰爭，有不少英軍是印度成員，今天德里地標的印度門，就是紀念三次英阿戰爭與一次大戰為英國作戰而犧牲的印度軍人。

從王國到民主共和國

好不容易有了主權，阿富汗過了相對穩定的一小段時光。

但好景不常，1973 年的時候，國王被他哥哥政變奪權，「阿富汗王國」變成「阿富汗共和國」。

雖然名字打著共和，但新的政權其實是一黨專政，短短幾年間迫害、殺害了一大堆平民老百姓。

生氣的阿富汗人在壓迫下成立了「阿富汗人民民主黨」開始跟政府對著幹。

人民民主黨背後有蘇聯撐腰，所以實力堅強，最後終於成功推翻舊政權，建立了「阿富汗民主共和國」，由穆罕默德‧塔拉基擔任首領。

結果換了人當家後，走社會主義路線的新政府，一上台就宣布無限期戒嚴，然後一樣開始一連串的清算與迫害。

阿富汗人民：「一樣的事到底要重複幾遍啦（＋°д°）」

不只是政治迫害，蘇聯的人員跟軍隊也不斷地進入阿富

汗，整個國家變成蘇聯的傀儡。阿富汗各部族開始叛變，到處都是反政府軍組織。

而就在此時，首相的副官哈菲佐拉・阿明也發動武裝政變，幹掉塔拉基，奪下阿富汗政權。

阿明：「以後阿富汗要成為一個自主的國家，不再當大國的奴隸！」

蘇聯：「O__o）！」

蘇聯沒有料到這件事，而且阿明完全不受蘇聯控制。

蘇聯生氣，蘇聯不喜歡這樣。

於是 1979 年的 12 月，蘇聯出兵入侵了阿富汗……

大量的戰車與士兵，配合空降部隊與武裝直升機，用很快地速度控制了各大城鎮。

阿富汗人民：「我們的軍隊呢？怎麼沒有反擊？(˙ω˙)？」

原來月初的時候，蘇聯顧問們假裝要幫忙阿富汗軍隊維修保養，把飛機的零件都拆下來沒有裝回去，還偷偷占領了重點軍事要塞，所以阿富汗軍完全處在無法作戰的狀態。

「總統呢？總統怎麼沒指揮！？」

總統阿明本來還刻意把辦公室搬到別的地方，以防出事了跑不掉，但位置早就被蘇聯掌握，戰爭還沒開打，阿明全家就被蘇聯的特種部隊摸掉了。

過了一會兒，阿富汗的各台收音機傳來了不認識的人聲：

「各位阿富汗的人民安安，我們已經幫你們從阿明暴政中『解放』了！」

「什麼！？ Σ(;ﾟДﾟ)」

說時遲那時快，大家還在錯愕的時候，滿天的蘇聯武裝直升機飛進來了，馬路上也滿滿都是蘇聯的裝甲車。

短短一個禮拜，蘇聯就控制了所有主要城市與交通要衝。

「哇哈哈，這下阿富汗就是我蘇聯所控制的了！」

蘇聯領導人布里茲涅夫開心地宣布，但他還不知道，蘇聯最可怕的惡夢才正要開始。

🐟 十年聖戰

儘管蘇軍控制了阿富汗所有的主要城市與交通網，但很快地，各地反抗軍猶如雨後春筍般不斷冒出。

不管什麼階層的人都參與抗蘇運動，幾十個來自不同地方的游擊組織，用盡所有方法在阿富汗跟蘇聯軍作對。

「我們一定要守護家園，這是場『聖戰』！而且一定會贏！ヽ(｀Д´)ノ」

蘇聯不管用軍事鎮壓、政治外交、經濟壓制都沒辦法阻止這些游擊隊，而且這些叛軍用聖戰之名作號召，人數不斷增加。

更令蘇聯膽顫心驚的是……這些聖戰士還得到外國勢力

秘密贊助，裝備愈來愈好。

　　光美國提供的刺針飛彈就夠整死人了，每年蘇聯都被射下幾百架直升機。

　　就像美國當初困在越南一樣，蘇聯也被困在阿富汗的泥沼整整十年。

　　人一直死、錢一直燒，卻完全沒收到預期的政治利益，還被國內外輿論一直嗆，連辦個奧運都被杯葛。

　　曠以時日的戰爭拖垮了蘇聯的經濟，所以之後新的蘇聯領導人戈巴契夫一上台，第一件事就是下令趕緊結束阿富汗戰爭，投入更多的軍隊，派出最新的戰機與步兵坦克。

　　這些新武器一投入，雖然效果很好，但還是無法根除聖戰士。

　　戈巴契夫接著決定要用阿富汗政府軍去對付聖戰士，讓蘇聯自己可以慢慢抽身，然而，政府軍雖然人多勢眾，但因為人人都厭戰，常常一上戰場就出現逃兵，就算順利接戰，也都是落敗或慘勝。

　　戈巴契夫：「算了，不打了，我們撤退吧！O＿Q」

　　但為時已晚，阿富汗戰爭期間，蘇聯內部的矛盾與日俱增到不可收拾的地步。

　　加上與中國的交惡，對東歐的控制力也愈來愈差，官僚腐敗問題日漸嚴重，整個蘇聯離理想中的社會主義國家愈來愈遠……

刺針 vs. 雌鹿

刺針飛彈是美國研發的一種攜帶型防空導彈，全名是 FIM-92 Stinger。

因為刺針飛彈便宜又好用，射出去後，會用紅外線引熱追蹤，命中率高，一個人就可以射下一架飛機，所以很快就被量產，投入美軍各個戰場。

在蘇聯阿富汗戰爭期間，美軍為了扯蘇聯後腿，偷偷派出 CIA 幹員，秘密訓練了許多阿富汗的游擊隊，並且提供很多箱刺針給他們用。

這對游擊隊來說真是最棒的禮物，因為蘇聯當時的雌鹿式直升機每天都讓游擊隊吃盡苦頭。

雌鹿全名 Mi-24，是蘇聯 1972 年開始生產的武裝直升機，火力強大之餘，還可以一次載 8 名全副武裝的士兵進出戰場，是當時蘇聯最出色的直升機，到現在都還在許多國家服役。

而刺針對戰雌鹿，也成為這場戰爭的縮影。

 # 蘇聯解體

戈巴契夫自上台以來，面對社會主義多年累積下來的爛攤子，以及跟美國多年來軍備競賽所造成的經濟惡果，決定為蘇聯注入更多的改革與開放。

除了經濟與勞動紀律的提升以外，他還實行了情報公開

與自由化的政策，落實政治的民主化。

外交上，蘇聯開始放手讓東歐人自己決定自己的命運，還與美國簽下許多友善的協定。

蘇聯一點一點地被拆解，但人民們卻得到了愈來愈多的自由。

許多國家就在一滴血都不用流的情況下，拿回了自己國家的主權。

不過對於蘇聯自身，卻出現了嚴重的政治鬥爭，尤其勢力最大的俄羅斯共和國總統葉爾欽，開始與蘇聯對立。

許多蘇聯的官員對於新的改革很不滿意，發動了政變。雖然沒有成功，但戈巴契夫為了負責，自己辭掉了蘇聯總統的職務。

從 1922 年成立的蘇聯，在經歷六十九年的歷史後，在 1991 年畫下句點。

當克里姆宮上方飄揚七十四年的槌子與鐮刀旗降下，升上了俄羅斯紅藍白的三色旗的時候，冷戰也因此終結。

在那之後的阿富汗

對於阿富汗，苦難還沒結束，而且似乎沒有盡頭。

蘇聯軍撤退後，新上任的政權重新創立了「阿富汗伊斯蘭國」。

但這個政府基本上還是親蘇政權，不是很得民心，沒多久就因為蘇聯解體後也跟著完蛋。

當初抗蘇的各個集團與派系為了爭權大打出手，國家陷入分裂，各地呈現軍閥割據的狀況，開始了好幾年昏天暗地的內戰。

其中一支特別兇的政權「塔利班」，最後攻下了喀布爾，建立了「阿富汗伊斯蘭酋長國」，但大家比較常稱呼它「神學士」或是繼續叫它「塔利班」。

然後塔利班都還沒站穩腳步，美國就發生了 911 恐怖攻擊事件。

美國：「主嫌是你們阿富汗的人吧！把凶手交出來！」

塔利班：「不要！」

接下來的事大家都知道了……

阿富汗被美軍與美國的好朋友們整個輾過去，塔利班被連根拔起，據點幾乎夷為平地。

然後在美國的扶植下，阿富汗人首次用投票的方式建立了「阿富汗伊斯蘭共和國」。

美國有了越南的教訓跟蘇聯的前車之鑑，一直很小心不

要被這場戰爭拖累，直到 2011 年終於擊殺了賓拉登後，就開始把部隊有計畫地撤出，並在 2014 年底宣布結束與阿富汗的交戰。

講是這麼講，但仍然以維安為理由，留了一大堆人在阿富汗影響政局，到現在 2017 年為止，已經打了十六年，依然沒有停止的跡象。

附錄

戰爭年表

Chapter 1　第一次世界大戰

美國崛起年表	
1775	美國獨立戰爭
1847	美墨戰爭
1861	南北戰爭
1898	美西戰爭
1914	第一次世界大戰爆發，美國成為世界霸權
美西戰爭年表	
1898	2月　緬因號爆炸 4月　馬尼拉海戰 5月　美軍登陸古巴 6月　美軍占領關島 7月　美軍攻占聖地牙哥 8月　美軍攻占馬尼拉 12月 巴黎和約
第一次世界大戰年表	
1914	6月　斐迪南大公被槍殺 7月　奧匈帝國對塞爾維亞宣戰 8月　德國向俄羅斯、法國宣戰 9月　馬恩河的奇蹟
1915	4月　義大利跳槽到協約國

1916	2 月　凡爾登戰役
	5 月　日德蘭海戰
	6 月　索姆河戰役
1917	2 月　無限制潛水艇戰
	3 月　俄羅斯革命
	4 月　美國參戰
	11 月 俄羅斯又革命
1918	3 月　俄羅斯簽下停戰協議
	11 月 德國革命、德國投降
1919	1 月　巴黎和平會議
	6 月　簽訂《凡爾賽和約》

Chapter 2　第二次世界大戰

歐洲戰線年表	
1939	9 月　德國閃電入侵波蘭
	9 月　英、法對德國宣戰
	11 月 蘇聯入侵芬蘭
1940	4 月　德國入侵丹麥、挪威
	5 月　德國入侵荷蘭、比利時
	6 月　義大利參戰、法國投降
	9 月　日、德、義組成軸心國
1941	6 月　德蘇戰爭、巴巴羅薩作戰
	12 月 美國因珍珠港事件參戰

1942	1 月　蘇聯守住莫斯科
	11 月 美、英登陸北非
1943	2 月　蘇聯在史達林格勒擊敗德國
	7 月　同盟軍登陸義大利
	9 月　義大利投降
	11 月 開羅會議、德黑蘭會議
1944	6 月　同盟軍登陸諾曼地
	8 月　盟軍奪回巴黎
	12 月 突出部戰役
1945	2 月　雅爾達會議
	5 月　柏林戰役、德國投降
<center>**侵華戰爭年表**</center>	
1889	發布大日本帝國憲法
1894	中日甲午戰爭
1904	日俄戰爭
1914	第一次世界大戰爆發
1918	米騷動與大正民主政治實施
1923	關東大地震
1929	經濟大蕭條
1931	日本開始侵略中國，關東軍建立滿洲國
1932	犬養毅首相被暗殺
1936	二二六事件，軍方勢力加速抬頭
1937	七七事變，全面戰爭爆發
	上海戰役：松滬會戰

1940	日、德、義三國軍事同盟 汪兆銘政權成立

太平洋戰爭年表	
1940	9 月　德、義、日三國組成軸心國
1941	4 月　簽訂《日蘇中立條約》 12 月 日軍偷襲珍珠港，太平洋戰爭爆發
1942	4 月　杜立德空襲 5 月　珊瑚海海戰 6 月　中途島戰役，日軍慘敗
1943	2 月　日軍撤出瓜達爾卡納爾島 10 月 中印緬戰區反攻
1944	6 月　菲律賓海海戰 10 月 雷伊泰海戰 11 月 美軍開始空襲日本本土
1945	2 月　美國登陸硫磺島 4 月　美國登陸沖繩本島 7 月　波茨坦會議 8 月　對廣島、長崎投下原子彈 8 月　15 日，日本無條件投降

Chapter 3　國共內戰

辛亥革命年表	
1894	興中會成立
1898	戊戌變法

1905	中國同盟會成立
1908	頒布憲法大綱
1911	保路運動、武昌起義
1912	宣統帝退位、中華民國建立，孫文就任臨時大總統
1913	袁世凱就任大總統，因為宋教仁被暗殺，二次革命失敗
1914	孫文成立中華革命黨
1915	袁世凱稱帝
1916	袁世凱逝世
第一次國共內戰年表	
1919	中國國民黨成立（舊稱中華革命黨）
1921	中國共產黨成立
1924	黃埔軍校成立，第一次國共合作
1926	第一次北伐
1927	2月　中國共產黨於武漢建立國民政府 4月　蔣介石發動上海政變（鎮壓共產黨）
1928	4月　第二次北伐 6月　中國國民黨占領北京，中國統一
第二次國共內戰年表	
1945	雙十協定
1946	國共第二次內戰
1949	10月　中華人民共和國成立 12月　中華民國政府來台

Chapter 4　冷戰

冷戰年表	
1946	蘇聯勢力圈向東歐拓展
1948	柏林封鎖
1950	韓戰爆發
1953	韓戰結束
1955	越戰爆發
1962	古巴危機
1973	越戰結束
1979	阿富汗戰爭爆發
1989	馬爾他會議 阿富汗戰爭結束

韓戰年表	
1945	第二次世界大戰結束
1950	6月　北韓進攻南韓，攻下首爾 9月　美軍仁川登陸後反攻，搶回首爾 10月 中國志願軍進入朝鮮 12月 美軍退回 38 度線，北韓再度攻下首爾
1951	3月　美軍進攻，再度搶回首爾 4月　麥克阿瑟解職 7月　雙方開始談判
1952	4月　因戰俘問題導致談判陷入膠著

1953	3月　史達林過世 7月　簽署《朝鮮停戰協定》

越戰年表	
1945	北越：越南民主共和國成立
1946	印度支那戰爭
1949	南越：越南國成立
1954	奠邊府戰役 簽署《日內瓦停戰協議》
1955	南越：越南共和國成立
1965	美國開始對北越展開攻擊
1973	簽署《越南和平協定》
1975	西貢淪陷
1976	越南社會主義共和國成立

阿富汗戰爭年表	
1839	第一次英國與阿富汗戰爭
1878	第二次英國與阿富汗戰爭
1919	第三次英國與阿富汗戰爭
1973	阿富汗共和國取代阿富汗王國
1978	4月　阿富汗人民民主黨發動政變，成立阿富汗民主共和國 9月　菲佐拉·阿明武裝政變
1979	12月 蘇聯開始入侵，擊殺阿明
1988	4月　簽訂《阿富汗日內瓦協定》
1989	2月　蘇聯撤軍
1991	12月 蘇聯解體

結語

　　好，聽完這一百年來的各場戰爭以後，這本書也來到了尾聲。

　　最後，再次地感謝你翻完這本書，但也一定要提醒你兩件事：

　　1. 我只是個天橋下說書的。
　　2. 這本書的每一篇都只是懶人包。

　　每個歷史都是人寫出來的，但只要是人，就會有自己的立場與觀點。

　　再加上許多史料會互相矛盾，有的會因為政治而扭曲，造成同一個歷史事件、同一個歷史人物，卻可能在不同的書中有完全相反的敘述。

　　所以，你一定要多看更多不同版本的故事，多聽更多不同觀點的說法。

　　但也不要對任何看法深信不疑。
　　更不要別人說什麼都照單全收。
　　最重要的，永遠不要停止思考與質疑！

要是我這本還看不過癮的話，推薦各位多跑圖書館跟書店，看些更專業、更有深度的書。

　　網路上也很多很棒的資源，像是《台灣吧》《故事：寫給所有人的歷史》《羅輯思維》等等的頻道。

　　另外 FB 也有很多優質專頁可以追（雖然有些政治立場還滿重的）。

　　要是有疑問、想找人互動跟討論的話，那一定要到 PTT 的歷史社團與各大 FB 專頁，雖然可能一堆戰文，但這就是當歷史迷跟軍武迷最有趣的部分啊 XD ！

　　總之，多看多聽，一定可以讓你成為一個更厲害、更有想法的人啦！（´•ω•`）

www.booklife.com.tw　　　　　　　　　reader@mail.eurasian.com.tw

圓神文叢 227

歷史，就是戰：黑貓老師帶你趣解人性、權謀與局勢

作　　者／黑貓老師

插　　畫／魔魔嘎嘎

發 行 人／簡志忠

出 版 者／圓神出版社有限公司

地　　址／台北市南京東路四段50號6樓之1

電　　話／（02）2579-6600・2579-8800・2570-3939

傳　　真／（02）2579-0338・2577-3220・2570-3636

總 編 輯／陳秋月

主　　編／吳靜怡

專案企畫／賴真真

責任編輯／林振宏

校　　對／林振宏・吳靜怡

美術編輯／李家宜

行銷企畫／詹怡慧

印務統籌／劉鳳剛・高榮祥

監　　印／高榮祥

排　　版／杜易蓉

經 銷 商／叩應股份有限公司

郵撥帳號／18707239

法律顧問／圓神出版事業機構法律顧問　蕭雄淋律師

印　　刷／祥峯印刷廠

2018年1月　初版

2024年2月　10刷

定價 270 元　　　　ISBN 978-986-133-643-5

這本書，並不是什麼正經的歷史考據文件，而是一本塞了一堆鄉民梗的故事懶人包。

跟專家學者追求「愈詳細愈好」剛好相反，我這一本追求的是「愈簡單愈好」。

我想把故事講得有趣，才能推你入坑，讓你對近代史有多一點了解、多一點想法，以及多一點興趣。

—— 《歷史，就是戰》

◆ **很喜歡這本書，很想要分享**

圓神書活網線上提供團購優惠，
或洽讀者服務部 02-2579-6600。

◆ **美好生活的提案家，期待為您服務**

圓神書活網 www.Booklife.com.tw
非會員歡迎體驗優惠，會員獨享累計福利！

國家圖書館出版品預行編目資料

歷史，就是戰：黑貓老師帶你趣解人性、權謀與局勢／
黑貓老師 著. -- 初版 -- 臺北市：圓神，2018.01
256 面；14.8×20.8公分 -- （圓神文叢；227）
ISBN 978-986-133-643-5（平裝）

1. 戰史

592.9   106021750